湿地中国科普丛书
POPULAR SCIENCE SERIES OF WETLANDS IN CHINA

中国生态学学会科普工作委员会 组织编写

水陆过渡
沼泽湿地

Transition between Water and Land
— Marsh Wetlands

张明祥 武海涛 主编

中国林业出版社

图书在版编目(CIP)数据

水陆过渡——沼泽湿地 / 中国生态学学会科普工作
委员会组织编写；张明祥，武海涛主编. —— 北京：中
国林业出版社，2022.10（2024.12重印）
（湿地中国科普丛书）
ISBN 978-7-5219-1918-9

Ⅰ. ①水… Ⅱ. ①中… ②张… ③武… Ⅲ. ①沼泽化
地—中国—普及读物 Ⅳ. ①P942.078-49

中国版本图书馆CIP数据核字(2022)第187298号

总　策　划： 王佳会

策　　　划： 杨长峰　肖　静

责任编辑： 袁丽莉　肖　静

宣传营销： 张　东　王思明　李思尧

出版　中国林业出版社（100009　北京市西城区刘海胡同 7 号）

　　　　http://www.forestry.gov.cn/lycb.html　　　电话：（010）83143577

印刷　北京雅昌艺术印刷有限公司

版次　2022 年 10 月第 1 版

印次　2024 年 12 月第 2 次

开本　710mm × 1000mm　1/16

印张　16

字数　170 千字

定价　60.00 元

湿地中国科普丛书
编辑委员会

序言

　　湿地是重要的自然资源，更具有重要生态系统服务功能，被誉为"地球之肾"和"天然物种基因库"。其生态系统服务功能至少包括这样几个方面：涵养水源调节径流、降解污染净化水质、保护生物多样性、提供生态物质产品、传承湿地生态文化。同时，湿地土壤和泥炭还是陆地上重要的有机碳库，在稳定全球气候变化中具有重要意义。因此，健康的湿地生态系统，是国家生态安全体系的重要组成部分，也是实现经济与社会可持续发展的重要基础。

　　我国地域辽阔、地貌复杂、气候多样，为各种生态系统的形成和发展创造了有利的条件。2021年8月自然资源部公布的第三次全国国土调查主要数据成果显示，我国各类湿地（包括湿地地类、水田、盐田、水域）总面积8606.07万公顷。按照《关于特别是作为水禽栖息地的国际重要湿地公约》（简称《湿地公约》）对湿地类型的划分，31类天然湿地和9类人工湿地在我国均有分布。

　　我国政府高度重视湿地的保护与合理利用。自1992年加入《湿地公约》以来，我国一直将湿地保护与合理利用作为可持续发展总目标下的优先行动之一，与其他缔约国共同推动了湿地保护。仅在"十三五"期间，我国就累计安排中央投资98.7亿元，实施湿地生态效益补偿补助、退耕还湿、湿地保护与恢复补助项目2000余个，修复退化湿地面积700多万亩[①]，新增湿地面积300多万亩，2021年又新增和修复湿地109万亩。截至目前，我国有64处湿地被列入《国际重要湿地名录》，先后发布国家重要湿地29处、省级重要湿地1001处，建立了湿地自然保护区602处、湿地公园1600余处，还有13座城市获得"国际湿地城市"称号。重要湿地和湿地公园已成为人民群众共享的绿色空间，重要湿地保护和湿地公园建设已成为"绿水青山就是金

———————
① 1亩=1/15公顷。以下同。

山银山"理念的生动实践。2022年6月1日起正式实施的《中华人民共和国湿地保护法》意味着我国湿地保护工作全面进入法治化轨道。

要落实好习近平总书记关于"湿地开发要以生态保护为主，原生态是旅游的资本，发展旅游不能以牺牲环境为代价，要让湿地公园成为人民群众共享的绿意空间"的指示精神，需要全社会的共同努力，加强湿地科普宣传无疑是其中一项重要工作。

非常高兴地看到，在《湿地公约》第十四届缔约方大会（COP14）召开之际，中国林业出版社策划、中国生态学学会科普工作委员会组织编写了"湿地中国科普丛书"。这套丛书内容丰富，既包括沼泽、滨海、湖泊、河流等各类天然湿地，也包括城市与农业等人工湿地；既有湿地植物和湿地鸟类这些人们较为关注的湿地生物，也有湿地自然教育这种充分发挥湿地社会功能的内容；既以科学原理和科学事实为基础保障科学性，又重视图文并茂与典型案例增强可读性。

相信本套丛书的出版，可以让更多人了解、关注我们身边的湿地，爱上我们身边的湿地，并因爱而行动，共同参与到湿地生态保护的行动中，实现人与自然的和谐共生。

中国工程院院士

中国生态学学会原理事长

2022年10月14日

　　我国地域辽阔、地貌复杂、河湖众多、气候多样，为各种生物和不同类型的生态系统的形成与发展提供了得天独厚的自然条件，使我国成为世界上生物多样性最为丰富的国家之一。

　　湿地作为一种重要的自然资源，与森林、海洋并称为地球三大生态系统，同时也是人类最重要的生存环境之一。沼泽是湿地的最主要类型，据统计，全球沼泽面积约占天然湿地总面积的85%，我国沼泽湿地面积也达到湿地地类总面积的68%。在很长一段时间里，由于人们对沼泽湿地的认识不足，沼泽一直被视为蚊虫滋生、疾病发源的"无用之地"，给人荒凉、危险和可怕的印象。举世闻名的中国工农红军二万五千里[①]长征，曾有"爬雪山、过草地"的艰苦历程，当年红军穿越的危险重重的"草地"实际上就是常年积水的沼泽湿地。

　　随着科学技术水平的提高，针对沼泽湿地的研究不断深入，越来越多的人们意识到沼泽湿地的独特性和重要性。与湖泊、河流等湿地类型相比，沼泽湿地不仅具有蓄水调洪、维持区域水平衡的作用，还具有固土防蚀、降解和转化污染物的生态功能，在维系生物多样性和减缓全球气候变暖方面也有重要作用。此外，沼泽湿地还可以向人类提供多种食品、药品、工农业生产原料，以及生态旅游资源等。

　　近年来，国内外开展了基于沼泽湿地的大量科学研究，并出版了沼泽学、沼泽水文学、森林沼泽学、泥炭地学等著作。这些学术专著往往针对相关领域的学者和科研人员，尚没有针对社会公众的介绍沼泽湿地的科普性出版物。

　　本书的编写旨在用科普性的文字让读者对沼泽湿地有一个系统的了解。本书阐述了沼泽湿地的概念、形成、分布、分类、功能和特征，介绍了我国

---

① 1里=500米。以下同。

典型的沼泽湿地，以及我国沼泽湿地面临的威胁、保护与管理的发展趋势等。在编写过程中，参照了《国家重点保护野生动物名录》（2021年）。由于篇幅有限，对其中的许多问题不能作详尽介绍。

本书由张明祥、武海涛、王玉玉、张振明、张文广、文波龙等编著，是从科普角度对沼泽湿地展开介绍的一次有益尝试。由于作者水平有限，难免有疏漏与不当之处，敬请读者批评指正！

本书编辑委员会

2022年5月

目录

I

（李卫东/摄）

　　沼泽湿地神秘又令人向往，它的形成往往需要较长时间，斗转星移、日月变换形成了我们今天所看到的沼泽。提到沼泽，人们往往会想到深陷泥潭不能自拔，而沼泽具有哪些特点却不得而知。在本章中，笔者从什么是沼泽湿地出发，主要介绍沼泽湿地是怎样形成的，包括哪些类型，以及具有哪些特点，向读者展示神秘的沼泽世界。

类型多演变，水陆总相宜
——神秘的沼泽湿地

水陆过渡——沼泽湿地

沼泽湿地的概述

　　提到沼泽你会想到什么？是泥泞的"吃人怪物"，密林深处珍稀鸟兽饮水、觅食的"丰"水宝地，候鸟群集的芦苇荡，还是水草丰茂、牛羊成群的人间仙境……其实，这些都是沼泽湿地。虽然我们印象中的沼泽总是充满危险，但实际上它在生态环境中发挥着巨大的作用，有着默默奉献的一面。沼泽湿地作为主要的湿地类型，不仅蕴藏着丰富的自然资源，还具有蓄水调洪、补给地下水、净化环境、调节局部小气候等多种生态功能，对维持区域生态平衡有良好的作用。

沼泽之名——追根溯源

　　沼，天然的水池；泽，低洼积水的地方。我国历史典籍中的"沼""泽"二字与现在的"沼泽"一词含义不大相同，可以说"沼泽"是个现代名词。据学者考证，"沼""泽（澤）"经由中国传入日本，日本在对译西方概念时组合产生新词"沼泽（澤）"，而后该词又被中国引进；而且根据辞典、文献推测，我国清代以前并未出现"沼泽（澤）"一词，我国古代对沼泽的称法因时代、地域和沼泽类型的不同而不尽一致，如在《礼记·王制》中被释义为水草聚集之处的"沮泽"，《徐霞客游记·滇游日记三十八》中的"其中沮洳，踔践踏陷深泞"的"沮洳"等。

沼泽之义——博采众解

由于世界沼泽区域与生态环境的差异，导致不同地区的沼泽的成因、类型也各不相同，而且不同学科的学者对沼泽的认识、理解和研究是从不同的角度进行的，因此国内外对于沼泽还未有一个统一的定义。

水文学家认为，"沼泽是指一年中大部分时间被水所饱和的地区，土地上淹有薄层积水"。而植物学家往往把沼泽理解为植物群落，认为其中起主要作用的是需要过度湿润土壤的喜湿植物。更注重沼泽湿地中泥炭积累作用的学者认为，"沼泽是这样的地段，即在这样的地段上，由于植物群落生命活动的结果，发生了泥炭积累，泥炭主要由未分解的植物残体和腐殖质组成"；抑或如1934年苏联沼泽地籍问题第二次会议规定的："沼泽是过分潮湿的地面部分，覆盖着泥炭层，其厚度至少有30厘米处于非疏干的状态，而有20厘米处于疏干的状态。"与此不同的是，苏联植物学会沼泽学分会于1966年通过的沼泽定义："沼泽是一种地表景观类型，它经常或长期处于湿润状态，具有特殊的植被和相应的成土过程，沼泽可以是有泥炭的，也可以是无泥炭的。"该定义不强调一定要有泥炭积累。

随着沼泽学的发展，人们对于沼泽的定义更加全面。苏联学者 Р·И·阿波林指出，沼泽是一个自然综合体，

类型多演变，水陆总相宜——神秘的沼泽湿地

具有4个明显的特征：①土壤表面有经常或相当长时间的间歇性积水；②与土壤过湿或通气不良相关的一系列特殊的成土过程；③有机遗体分解微弱并有泥炭堆积作用；④生长有特殊的喜湿的沼泽植物。20世纪70年代后期，我国学者根据我国沼泽的实际情况给出了较为明确的定义：沼泽是一种特殊的自然综合体，它有3个基本特征：①地表经常过湿或有薄层积水；②生长沼生和湿地植物；③土壤有泥炭层或潜育层。

所以，沼泽湿地的定义可以概括为：沼泽是具有水陆过渡性质的特殊自然综合体，受淡水或半咸水、咸水影响，地表常年过湿或有薄层积水，生长有沼生和部分湿生、水生或盐生植物，有泥炭积累或无泥炭积累而仅有草根层和腐殖质层，但土壤剖面中均有明显的潜育层的地段。

沼泽湿地是生态系统的重要组成部分，是全球重要碳库和水资源库，对于维持生态系统功能、缓解全球气候变化具有重要作用。具体来讲，沼泽化过程可分为草地沼泽化、森林沼泽化、水体沼泽化和冻土沼泽化。

草地沼泽化

草地沼泽化是指草地演变成湿地的过程，多发生在河漫滩、阶地、湖滨、沟谷的林间草地。草地沼泽化分为5个阶段，首先由于地势低洼，地表经常过湿，地下水位较高，在地表水和地下水的共同作用下，土壤孔隙度长期被水填充，通气状况恶化，造成厌氧环境，死亡的植物残体在厌氧条件下分解的非常缓慢。土壤变得坚实，氧气更加稀少，植物逐渐稀疏，形成适于疏丛状植物生长的条件。第二个阶段，因疏丛植物根系扎得深，可从土壤深层汲取丰富的矿质养分，土壤中有机胶体更加丰富，雨后胶体膨胀，阻止空气进入土壤，好氧分解被限在土壤表层，随着深层土壤养分逐渐减少，疏丛植物便不能再适应，渐渐被密丛植物代替，这便是第三个阶段的开始。密丛之中不断

类型多演变，水陆总相宜
——神秘的沼泽湿地

保持厌氧分解条件，使分解十分缓慢，活的分蘖节总保持在老的分蘖节上生长，整个株丛就形成一个个孤立的草丛。此后，进入泥炭积累期，随着泥炭厚度增加，密丛植物渐渐不能适应这种环境，开始衰退。后来，由于泥炭上层养分的不断贫化及湿度增加，短根系禾本科、莎草科等入侵植物也逐渐衰亡，使一些主要靠叶绿体的细胞吸收营养元素的藓类，如真藓、灰藓、泥炭藓等侵入，便完成了草地沼泽化。

森林沼泽化

森林沼泽化主要发生在林区地势平坦、低洼、地下水位高、排水不良、水分汇聚的地方，如平坦的沟谷、河

森林沼泽化[①]

---

① 本书未标注摄影者图片均已向摄图新视界网站购买版权。

滩、堤外洼地、阶地、湖边和泉水溢出带等。

　　森林沼泽化过程是伴随林下残落物不断积累和灰化作用进行的。枯枝落叶在林下不断堆积，好像给地面盖了一层很厚的被子，不仅能保持大量水分，减少土壤水分蒸发，保持过度湿润的状态，还能拦蓄地表径流。尽管森林植被可蒸腾很多水分，但地表仍经常处于过湿状态，残落物分解形成的大部分灰分元素变成矿物盐类，其随水分下渗，引起土层的灰化作用，土层下部形成淀积层、铁质层等。经残落物下渗的水分，蓄积于淀积层上，使潜水位提高，土层湿度增加，渐渐变为厌氧环境，残体分解缓慢。随着森林的自然稀疏，草本植物侵入，森林自然更新困难，生存年份减短，幼苗成活率低，树木生长状况恶化。草本植物由根状茎植物逐渐演化为密丛植物，最后被藓类侵入，形成大片森林的沼泽化。

水体沼泽化

　　水体沼泽化过程发生在各种水陆域界面的水域一侧，分浅水域水平向和深水域垂直向两种演替式。

　　浅水域水平向演替式沼泽化过程是由于地表水、地下水、大气降水和风等携带的矿物质、有机质注入浅水湖后，给湖底藻类沉水植物与微体动物的繁殖提供了条件，随着这些生物的生存和死亡，湖底沉积变厚，湖泊水域渐渐变浅，但这种浅水环境很适宜植物生长。在湖滨岸带，自外侧向湖泊方向，随着水深的增加，依次为莎草科薹草属、禾本科等一些植物形成的草丘，挺水植物禾本科（如芦苇、荻等）、香蒲科、莎草科，浮水植物如睡莲

水体沼泽化

科、眼子菜科等，沉水植物（水深 2 米以上）。它们不断生长、死亡，大量腐烂的残体，不断在湖底堆积，由于湖底缺氧，植物死亡后，残体分解缓慢或几乎不能分解，当湖泊中的沉淀物逐渐积累并增大到一定限度时，原来水面宽广的湖泊就变成浅水汪汪、水草丛生的沼泽，最终形成泥炭。

　　深水域垂直向演替式沼泽化过程是在水面较为平静的深水水域，由于岸边相连的浮游植物入侵，经大量繁殖逐渐形成浮毯，这些植物盘根错节，交织成网，将风、降水或地表水携来物质的一部分附着其上，由于养分逐渐增加，使其他植物着生，浮毯增厚、变密，为薹草等植物生长创造了条件。这些植物残体沉入湖底，不能完全分解而形成泥炭，日积月累，水域底部逐渐增高，与水面浮毯相互连接，水面缩小，且浮毯向水面中心推进，如此，整个深水水域便沼泽化了。

　　中国的很多沼泽是通过浅水水域沼泽化形成的，低洼平原上的河流沿岸，在河水浅、流速慢的情况下，可以生长水草而逐渐形成沼泽；在沿海的低地，反复被海水淹没，海滩上杂草、芦苇丛生，也可形成盐沼；有些高原、高山地区，由于冬季地面积雪，到次年春夏季节冰雪融化，地面积水，短草和苔藓植物杂生，也可形成沼泽。

冻土沼泽化

　　在高纬度和高山地区，冬季漫长且严寒，夏季短促且冷凉，广泛发育冻土，而冻土可以分为季节冻土和多年冻土。夏季气温回升，季节性冻土融化，而下部多年冻土层

冻土沼泽化

类型多演变，水陆总相宜
——神秘的沼泽湿地

009

依然存在，形成良好的隔水层，降水和地表径流补给不能垂向渗入地下，使地表长期积水或过湿导致沼泽湿地的形成和发育。同时，冻土区地温较低，有机残体分解缓慢，促进了沼泽化过程。当全球气温升高时，多年冻土南界北移，以前的多年冻土南界与新的多年冻土南界之间的区域，因为表层多年冻土变成季节冻土，这样随着季节的变化，上述的冻融湿地化过程也会在这里出现而形成湿地。

另外，由于冻土的冻融作用在局部地区形成热融沉陷，为湿地形成提供了负地貌条件，这也是一种湿地的形成过程，如三江平原的许多碟形洼地沼泽就是在热融沉陷基础上形成的。

由于我国自然地理条件复杂，生态环境多样，影响沼泽发育的环境因子种类繁多，不同地区、不同地段沼泽发育存在差异，生态特征各具特色，形成复杂多样的沼泽类型。在认识和了解沼泽湿地分类之初，相信大家对此还存有很多疑问。例如，为什么有的沼泽湿地既能称为高原沼泽又能称为草本沼泽？这与选取的分类指标有着密不可分的关系（表1）。

表1　沼泽的分类

分类依据	分类
地貌条件	山地沼泽、高原沼泽、平原沼泽
形成和发育过程	高位（富营养）沼泽、中位（中营养）沼泽、低位（贫营养）沼泽
水源补给和水文特征	大气降水补给沼泽、潜水和地表水补给沼泽、混合型补给沼泽
土壤条件	泥炭沼泽、潜育沼泽
植被类型或植物群落的建群种、优势种	淡水草本沼泽、草本泥炭地、藓类泥炭地、灌丛沼泽、淡水森林沼泽、森林泥炭地

总体来看，上述分类皆清晰地表述了不同沼泽湿地类型在某一属性上的区别，包括发生学分类、水文分类、地貌分类、植被分类、应用分类等，皆从不同学科和目的出

类型多演变，水陆总相宜
——神秘的沼泽湿地

黑龙江东方红林区珍宝岛湿地（于凤琴/摄）

发，有一定的科学性和可行性。但是，也存在一定的局限性，因为沼泽类型的差异和变化是水文、地貌、土壤、植被等多因素相互作用的结果，而只从单一因素出发难免存在一叶障目的情况，也不利于沼泽湿地的监管和保护。因此，自20世纪60年代以来，我国许多学者为了更全面地反映复杂沼泽综合体的特征，大多采用综合分类系统，但仍缺乏标准化。直至2009年，国家林业局（现国家林业和草原局）为了便于对湿地进行综合调查、检测、管理、评价和保护规划，根据我国沼泽湿地资源的现状，借鉴《湿地公约》对于湿地的分类系统，综合考虑地貌类型、水文特征及植被类型，提出《中华人民共和国国家标准：湿地分类》（GB/T 24708—2009）。故而，我国现行并广泛认可的沼泽湿地类型是以此为基准的综合分类系统。

目前，我国的沼泽湿地共分为9类，即苔藓沼泽、草本沼泽、灌丛沼泽、森林沼泽、内陆盐沼、季节性咸水沼泽、沼泽化草甸、地热湿地及淡水泉或绿洲湿地。每类沼泽湿地皆有其特点，接下来，笔者将带领大家继续深入了解沼泽湿地的各个类型。

苔藓沼泽（bog）

发育在有机土壤的、具有泥炭层的，以苔藓植物为优势群落的沼泽被称为苔藓沼泽。其苔藓盖度约100%，有的形成藓丘，伴生有少量灌木和草本，一般有薄层泥炭发育。

草本沼泽（herbage-dominated marsh）

由水生和沼生的草本植物组成优势群落的淡水沼泽被称为草本沼泽。按植物盖度≥30%划分，主要有莎草沼泽、禾草沼泽和杂类草沼泽；按是否有泥炭或潜育层发育划分，可分为无泥炭草本沼泽和泥炭草本沼泽。

灌丛沼泽（shrub-dominated marsh）

以灌丛植物为优势群落的淡水沼泽被称为灌丛沼泽，包括无泥炭灌丛沼泽和泥炭灌丛沼泽。其植被盖度≥30%，常见的植被有桦、柳、绣线菊、箭竹、岗松、杜香、杜鹃等，一般无泥炭堆积。

森林沼泽（forest-dominated marsh）

以乔木植物为优势群落的淡水沼泽被称为森林沼泽，包括无泥炭森林沼泽和泥炭森林沼泽。其间，生长的乔木需有明显主干、高于6米、郁闭度≥20%，常见的有落叶松、冷杉、水松、水杉、赤柏等，一般有泥炭或潜育层发育。

内陆盐沼（inland saline marsh）

受盐水影响，生长盐生植被的沼泽被称为内陆盐沼。以一年生或多年生盐生植物为主，如盐角草、柽柳、碱蓬、碱茅、赖草、獐茅等，植物盖度≥30%，水含盐量0.6%以上，一般无泥炭形成。

季节性咸水沼泽（seasonal brackish；alkaline marshes）

受微咸水或咸水影响，只在部分季节维持浸湿状态的沼泽被称为季节性咸水沼泽。

沼泽化草甸（marshy meadow）

沼泽化草甸是典型草甸向沼泽植被过渡的类型，是在地势低洼、排水不畅、土壤过分潮湿、通透性不良等环境条件下发育起来的，包括分布在平原地区的沼泽化草甸以及高山和高原地区具有高寒性质的沼泽化草甸、冻原池塘、融雪形成的临时水域。其间无泥炭堆积。

地热湿地（geothermal wetland）

由地热矿泉水补给为主的沼泽被称为地热湿地。

淡水泉或绿洲湿地（freshwater springs；oases wetlands）

由露头地下泉水补给为主的沼泽被称为淡水泉或绿洲湿地。

总面积世界第四，集中分布三大区

我国是世界上沼泽最丰富的国家之一。第二次全国湿地资源调查（2009—2013年）结果显示，我国拥有湿地面积5360.26万公顷，其中，沼泽湿地面积为2173.29万公顷，所占比重超过总面积的40%，与2003年首次调查结果相比，呈明显增加趋势，世界排名第四。

按行政区划分，主要分布在青海、内蒙古、黑龙江、西藏、新疆、甘肃、四川、吉林、河北和辽宁10个省（自治区），其面积之和占总沼泽湿地面积的98.39%。按分布面积统计，79.63%的沼泽湿地分布于东北平原、大兴安岭和小兴安岭山区和青藏高原，形成了我国沼泽湿地三大密集分布区（图1）。

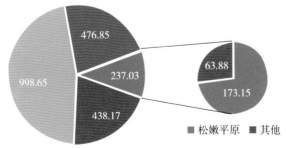

图1 我国沼泽湿地三大密集分布区面积（单位：万公顷）

类型多演变，水陆总相宜
——神秘的沼泽湿地

湿地类型多演变，由北向南逐渐少

由于我国地貌条件异常复杂，自然地理环境差异十分明显，水热条件因区域而异，导致不同地区、不同地段沼泽生态特征各具特色，形成繁多的沼泽类型。

（1）草本沼泽

草本沼泽在所有沼泽湿地类型中分布最为广泛，主要分布于大兴安岭和小兴安岭、松嫩平原和西藏中部地区。其中，大兴安岭和小兴安岭草本沼泽湿地面积201.05万公顷，占全国草本沼泽湿地总面积的30.99%，内蒙古东北大兴安岭地区是草本沼泽湿地的集中分布区；松嫩平原草本沼泽湿地面积106.71万公顷，占全国草本沼泽湿地总面积的16.43%；西藏中部草本沼泽湿地面积17.36万公顷，占全国草本沼泽湿地总面积的2.68%。

（2）森林沼泽

森林沼泽主要分布于大兴安岭和小兴安岭地区，其面积为152.39万公顷，占全国森林沼泽湿地总面积的88.58%。

（3）内陆盐沼

内陆盐沼主要分布于青藏高原，其面积为237.78万公顷，占全国内陆盐沼总面积的70.71%。其中，分布在柴达木盆地的内陆盐沼面积占94.41%。因此，我国内陆盐沼湿地主要分布于青藏高原的柴达木盆地。

（4）季节性咸水沼泽

季节性咸水沼泽主要分布于藏北高原、松嫩平原、内蒙古中部浑善达克沙地和甘肃疏勒河流域，其面积为206.08万公顷，占全国季节性咸水沼泽湿地总面积的87.50%。其中，15.69%分布于藏北高原，2.37%分布于松嫩平原，43.75%分布于内蒙古中部浑善达克沙地，18.18%分布于甘肃疏勒河流域。

（5）沼泽化草甸

沼泽化草甸主要分布于三江源区、若尔盖地区、小兴安岭地区和祁连山南坡海西区域，其面积为546.30万公顷，占全国沼泽化草甸总面积的78.95%。其中，54.23%分布于三江源，19.13%分布于若尔盖，7.50%分布于小兴安岭，19.13%分布于祁连山。

（6）地热湿地

地热湿地主要分布于西藏羌塘和内蒙古阿尔山地区，其面积为4077.38公顷，占全国地热湿地总面积的60.12%。其中，42.44%分布于西藏羌塘地区，57.36%分布于内蒙古阿尔山地区。

空间分布广泛但不均衡，水热条件差异起作用

我国从南到北，从沿海到内陆，从平原到高原、山地均有沼泽分布，在空间上分布是广泛的，而我国复杂的地势加剧了空间上水热条件的差异。因此，我国沼泽湿地在地理分布和类型特征上皆呈现地带性，同时在非地带性因素的干扰下，沼泽类型及其分布又呈现出区域性，总体分布呈现广泛且不平衡性、复杂且特殊性。

目前，我国沼泽分布具有以下规律：

（1）北部多于南部。冷湿气候是形成沼泽的最有利条件。我国南北跨49个纬度，包括寒温带、温带、暖温带、亚热带和热带，沼泽的分布与此相适应，呈现由北向南减少的趋势。

（2）东部湿润气候区多于内陆干燥区。我国的降水量由东南向西北逐渐减少，形成湿润、半湿润、半干旱和干旱的气候区。东部湿润、半湿润气候区发育了大面积的潜育沼泽，如东北地区的三江平原、松嫩平原，长江中下游的湖滨洼地等；西部除山地受地形影响形成冷湿气候、发育一定面积的沼泽外，广大的内陆盆地沼泽发育很少，有些地方虽然地下水位高，但强烈的蒸发作用使盐分聚集地表，大多形成少有植物生长的盐沼。

（3）山地高原多泥炭沼泽，平原多潜育沼泽。山脉和高原对我国的气候影响很大，同时又形成高寒、多雨、冷湿的气候，制约着植物生长量和残体分解过程，沼泽植物残体逐渐累积而形成泥炭。因此，泥炭沼泽在山地、高原得到了广泛发育，如四川省西北部的若尔盖高原沼泽，是中国最大的泥炭沼泽区。而广大平原区，尽管植物生长量较大，但由于气温高、蒸发旺盛、水分不够稳定、微生物活动强烈，植物分解能力较强，沼泽植物不易累积，发育了没有泥炭的潜育沼泽。

典型草本沼泽分五区，各有千秋不可替

在诸多湿地类型中，草本沼泽从沿海到内陆、从热带到寒温带均有分布，是我国分布最广泛的沼泽湿地类型。2013—2018年科学技术部国家科技基础性工作专项"中国沼泽湿地资源及其主要生态环境效益综合调查"项目依据自然地理环境差异，将全国范围内的沼泽湿地（不包括香港、澳门、台湾）分为温带湿润半湿润区、温带干旱半干旱区、亚热带湿润区、西部青藏高原区和东部滨海区五大沼泽湿地区，并总结各区草本沼泽湿地特征（表2）。

表2　各区草本沼泽湿地特征

分区	地区	气候特点	主要优势种
温带湿润半湿润区	东北（三省）、内蒙古（东北部）、河北、天津、山东、河南和陕西等	温带季风气候和温带大陆性气候为主，冬季寒冷干燥，夏季温暖多雨	小叶章（*Deyeuxia angustifolia*）、薹草（*Carex* spp.）、芦苇（*Phragmites australis*）、荆三棱（*Bolboschoenus yagara*）、四角刻叶菱（*Trapa incisa*）、荇菜（*Nymphoides peltata*）、黑藻（*Hydrilla verticillata*）等
温带干旱半干旱区	内蒙古、新疆、甘肃、宁夏、山西、陕西的部分地区	降水少且季节分配不均，冬季寒冷而夏季炎热，气温年较差和日较差较大	芦苇、碱蓬（*Suaeda glauca*）、垂穗披碱草（*Elymus nutans*）、华扁穗草（*Blysmus sinocompressus*）、高山嵩草（*Kobresia pygmaea*）等
亚热带湿润区	安徽、湖北、湖南、重庆、云南、浙江等13个省及直辖市	四季分明，夏季高温多雨，冬季温和湿润	水蓼（*Polygonum hydropiper*）、南荻（*Miscanthus lutarioriparius*）、菰（*Zizania latifolia*）等
西部青藏高原区	西藏、青海和四川西北部	辐射强烈，气温较低，冬季干冷漫长，夏季温凉多雨	康藏嵩草（*Kobresia littledalei*）、华扁穗草、芦苇
东部滨海区	海岛和沿海陆地等地区	海洋性气候，冬暖夏凉，气温年内变化较同纬度内陆地区小	互花米草（*Spartina alterniflora*）、芦苇、茳芏（*Cyperus malaccensis*）、盐地碱蓬（*Suaeda salsa*）等

名副其实的天然蓄水库

沼泽给人们的第一印象就是多水，在过去常被人们视为"无用之地"，这是人们对沼泽的认识存在误区。沼泽实际上是地表水和地下水的过渡类型，科学家把沼泽称为"蓄水库"、"生物蓄水池"。沼泽在地球的淡水循环中起着特殊的作用，它是大自然中最大的过滤池。沼泽的巨大蓄水能力使其具有重要的调洪功能，暴雨和洪水会被大量储存于沼泽土壤中，或以表层积水的形式滞留在沼泽中，直接减少了河流的洪水量。沼泽植被也可减缓洪水流速，避免所有洪水在同一时间汇聚到下游。当然，沼泽涵养水源和调蓄洪水能力的大小与沼泽的属性有关，天然沼泽的面积越大，涵养水源和调洪作用越显著。

有机物的堆积场

沼泽湿地地表过湿或有薄层积水，土壤水分几乎达到饱和状态，并有泥炭堆积，生长着喜湿性和喜水性的草本沼生植物。由于水多，致使沼泽地土壤缺氧，在厌氧条件下，有机物分解缓慢，只呈半分解状态，最终形成泥炭。

类型多演变，水陆总相宜
——神秘的沼泽湿地

沼泽堆积物以富含有机质为特征，由泥炭、有机质淤泥和泥沙组成，以泥炭为主，是在缺氧，细菌分解微弱，CH_4、CO_2、H_2S 等气体逸出，有机酸含量增加的环境中堆积的。沼泽的发展演化过程，实质上就是泥炭的聚积和形成过程。由于泥炭地中储存着大量的碳，因此，湿地是碳"汇"。我国泥炭地面积10440.68平方千米，其中，泥炭沼泽面积占70.72%，为7383.65平方千米；储存着15.03亿吨有机碳。泥炭沼泽湿地所积累的碳对抑制大气中 CO_2 上升和全球变暖具有重要意义。据穆尔（Moore）等估算，全球沼泽湿地以每年1毫米堆积速率计算，一年中将有37亿吨碳在沼泽地中累积。以我国泥炭沼泽湿地中泥炭的累积速率为0.32毫米/年计算，一年中可堆积约58.47万吨泥炭，折合20万吨有机碳的储量。由此可见，泥炭沼泽湿地是陆地生态系统中碳积累速率最快的生态系统之一，其吸收碳的能力要远远超过森林。

独有的"天然空调机"

沼泽对局地气候或小气候的调节，主要体现在对地温以及空气温度和湿度的调节上。由于沼泽地表积水和土壤过于湿润，土壤热容量和导热率随着湿度的增大而增大，导温率随着湿度的增大而减小，使沼泽对温度和湿度的调节具有明显的"冷湿效应"。沼泽湿地具有湿润气候、净化环境的功能，是生态系统的重要组成部分。

丰富多彩的微地貌

由于沼泽内积水差异、密丛植物生长及土壤冻结等原因，在沼泽表面会形成不同形态的微地形。这种微地形主要由不同植物发育而形成的多种形态的草丘构成，主要有点状、团块状、垅网状和片状草丘以及藓丘等形态特征。其中，点状草丘为初级阶段，经过团块状、垅网状，最后可演变为片状草丘；藓丘则是营养较低的泥炭沼泽特有微地貌。微地貌增加了沼泽湿地地表的粗糙度，可以对沼泽中微弱流动的水中矿物质进行"挽留"，从而提供给植物更多的营养。可见，微地貌是沼泽生态系统运作的关键因子。

惊人的"天然过滤器"

沼泽湿地像天然的过滤器，它有助于减缓水流的速度，当含有毒物和杂质的流水经过沼泽湿地时，流速减慢有利于毒物和杂质的沉淀与排除。沼泽湿地中有相当一部分水生植物具有很强的清除毒物的能力，是毒物的克星。在美国佛罗里达州，有人做了如下实验：将废水排入河流之前，让它流经一片柏树沼泽地，经过测定发现，大约有98%的氮和97%的磷被净化排除了，沼泽湿地清除污染物的能力由此可见一斑。正因如此，人们常常利用湿地植物的这一生态功能来净化污染物中的有害物质，达到净化水质的作用。

（执笔人：张明祥、武海涛）

类型多演变，水陆总相宜
——神秘的沼泽湿地

（徐永春/摄）

湿地与森林、海洋并称为地球三大生态系统，具有许多独特的功能，对人类的生存发展和资源的开发利用具有举足轻重的作用。它不仅为人们提供了水资源、工业原材料，还在维持生态系统多样性及涵养水源、调节气候、净化水质等方面起着重要作用。

水分微循环，万类竞自由
——沼泽湿地的生态功能

改善小气候

沼泽中储存大量水分，每年又补给一部分水，那么沼泽为什么没有变成湖泊和河流呢？原来沼泽每时每刻通过蒸发或植物蒸腾，源源不断地把自身的水无私地送给大气。沼泽湿地水分通过蒸发成为水蒸气，经过水分循环，又以降水的形式降到周围地区，保持当地的湿度和降水量，调节相关区域内的温度、湿度等气候要素。

近层的空气温度变化取决于辐射平衡、地面温度和湍流交换的强度。湿地常年积水，水的比热容大，湿地白天增温慢，夜晚降温慢。有研究表明，白天三江平原常年积水水位在1.5米以下，湿地气温低于耕地，温度相差1~2℃，晚上湿地比耕地气温高，温差在3~4℃。

湿地植物蒸腾吸收大量水分，并以水汽的形式逸散到大气中，近地面空气湿度增加；在沼泽蒸发和植物蒸腾过程中，湿地有充足的水分供给；白天水面蒸发旺盛，夜晚湿地植物表面会发生水珠凝结现象。因此，湿地近地层湿度要比陆地大。

湿地自身结构的特殊性使其具有增加湿度、降低温度的冷湿气候效应，可以使周围区域相对温和湿润。特别是在干旱地区的湿地，可以对周围地区产生良好影响。例如，在松嫩平原半干旱地区，湿地上空和附近地带的气温升高较为缓慢，对局部最高气温具有明显的延迟和调节作用。而在湿润地区，高温多雨，湿地调节作用不明显。对于分布在高寒地区的湿地，如若尔盖湿地，气候特征本就是寒冷湿润，湿地既不能提供更多降水，也不能明显降低气温。因此，分布在干旱、半干旱地区的湿地具有更明显的气候调节作用。

固碳释氧

全球变暖的主要原因是二氧化碳、甲烷等温室气体的排放增加。湿地究竟是如何影响温室气体的？要回答这个问题并不难。湿地是重要的"储碳库"和"吸碳器"，是气候变化的"缓冲器"。湿地对碳的储存和释放直接关系到温室气体排放量，进而对全球变化产生一定影响。

为什么湿地具有如此强的固碳能力呢？沼泽湿地多水，植物死亡后，厌氧环境下，微生物活动缓慢，植物残体在环境里分解缓慢或不易分解，形成了富含有机质的湿地土壤和泥炭层，使有机质聚集。泥炭化过程和潜育化过程形成了沼泽土壤，其中，潜育沼泽土的有机质含量在10%～20%，而泥炭沼泽土的有机质含量可高达50%～90%。据统计，湿地是全球最大的碳库，碳总储量约770亿吨。从全球角度看，如果沼泽全部排干，则碳的释放量相当于目前森林砍伐和化石燃料燃烧排放量的35%～50%。

湿地是碳释放"源"，湿地中有机残体的分解过程产生大量的二氧化碳和甲烷等有机气体，这些气体绝大多数直接进入大气中。如果降雨减少、温度升高，湿地分解泥炭的速度会加快，储存在湿地中的碳将通过各种不同的形式释放出来，加快全球变暖速度。湿地也是碳的"汇"，湿地的自然条件极大限制了营养物质的转化和有机物质的分解，所以，尽管初级净生产量很低，但碳的储量仍不断增长。

湿地作为温室气体的储存库、源和汇，在减缓全球变暖速率方面，发挥着重要作用。同时，气候变化对湿地的面积和分布亦产生重要影响，所以说，湿地与气候变化之间是相互影响、相互作用的。

湿地为我们提供了丰富的水资源。湿地是水的重要载体之一，是人类工农业生产用水和城市生活用水的主要来源，沼泽湿地在输水、储水和供水方面发挥着巨大效益。同时，水也是湿地之本，离开了水，湿地将不复存在。湿地与水二者相互依存，密不可分。

天然蓄水库

沼泽湿地是地表水与地下水的过渡类型。一部分沼泽水停滞在地表形成地表积水，另一部分储存在植物残体沉积在土壤中形成壤中水。由于沼泽湿地的表层积水和泥炭层中存储着大量的水，因此有人将沼泽湿地称为"蓄水库"。

沼泽湿地地表水处于停滞或轻微流动状态，有常年积水、季节积水和临时积水之分。这些水主要来源于降水、河湖汇入及地下补给。在雨季，降水多，河湖泛滥，地下水位上升，沼泽湿地储水达到饱和，水分逐渐积聚，积水面积扩大；而在干旱少雨的季节，地下水位降低，季节和临时积水消失，常年积水变浅，湿地积水面积减小。可见，沼泽湿地这个"蓄水池"的水位和面积在四季中是不

水分微循环，万类竞自由
——沼泽湿地的生态功能

断变化的。

　　沼泽巨大的蓄水能力，与沼泽土壤中草根层和泥炭层的特殊水文物理特性有关。水以重力水、毛管水、薄膜水、渗透水和化合水等状态储存于沼泽体内。重力水在重力作用下，可沿着斜坡流入排水沟，也可在沼泽表面形成湖泊和小河。当冰雪融化，大雨或河湖泛滥后，常出现明水，如果长时间或临时积于沼泽表面，会形成各种形式的水文网。毛管水、薄膜水、渗透水和化合水都受分子力作用，不会自行从泥炭或草根层中流出，除毛管水和部分薄膜水可由植物根吸收并由植物枝叶散发和自然蒸发外，其他类型的水都必须采取特殊方法，才能从泥炭层或草根层中除掉。

调节径流

　　因为沼泽湿地强大的蓄水能力，可以通过快速吸收大量洪水，并在较长时间内将其缓慢排放以实现减少径流量、减缓径流速率，避免洪涝灾害。沼泽湿地对于径流的影响可分为两方面：一是在干旱时"反哺"，避免河流断流。在丰水期，沼泽湿地储存大量水分，减少河流一次性补给量，使径流即使在少雨季节仍有补给。二是可以调蓄洪水。通常表现为积蓄洪水、减缓流速、削减洪峰和延长水流时间。将当年的洪水储存在湿地土壤中或以地表水形式滞留于湿地，缓缓释放，减小下游压力。一般认为，湿地调节洪水的机理主要有三方面：

　　首先，沼泽湿地作为一个巨大的储水库，对于流径的河流流量天然起到调节作用，可以延缓洪峰。

　　其次，湿地土壤的孔隙度大，储水能力强，可以吸收本身3~9倍甚至更高的储水量。青藏高原若尔盖湿地分布近100万公顷的沼泽、湖泊和草甸，其储水量约为8.4亿立方米，每公顷的草甸沼泽土最大持水量为8486.27立方米。储存在湿地中的洪水一部分在流动中蒸发，一部分渗入地下，余下的水在未来数天，甚至数月的时间里缓慢流出，使洪水得到调节。

　　最后，即使在湿地达到饱和的情况下，茂密的湿地植被仍能减缓流速，使其平缓流出，起到调节径流的作用，从而保障人们生命财产安全。

1998年，松嫩洪水汛期之长、水势之大、灾害之重，为历史罕见，令人触目惊心。这也让我们重新认识湿地在松嫩流域抵御洪水的重要作用。松嫩流域两岸湿地本来具有极大的调蓄洪水的功能，但由于连年开垦，湿地面积丧失，湿地功能退化严重，没有大面积湿地分洪滞洪，导致水位不断攀升，酿成洪灾。洪灾期间，扎龙湿地调蓄水量达到16×10^8立方米，使周边城镇及下游大庆等地区免遭水淹；霍林河和洮儿河流域下游的向海、莫莫格等湿地共蓄积水量达60×10^8立方米，在洪水调节中起着重要作用。从湿地在1998年松嫩特大洪灾中的特殊意义，我们得到启示：要充分认识并发挥湿地的蓄纳储水、削减流量、滞后洪峰的功能，提倡合理利用湿地资源。2016年，国务院办公厅印发《湿地保护修复制度方案》，指出湿地保护是生态文明建设的重要内容，事关国家生态安全，事关经济社会可持续发展，事关中华民族子孙后代的生存福祉。

地球之肾

湿地作为各类物质的"汇"，如果不能进行转化和排除，会对湿地环境产生很大的影响。过量的营养物质会使湿地水环境富营养化，破坏水体生态平衡。但值得高兴的是，湿地一个重要的生态功能就是净化水质，即可以降解流经湿地的水中的有机和无机营物质，消除对人类的不利影响，也因此被称为"地球之肾"。

湿地净化包括复杂界面的过滤过程和生存于其间的多样性生物群落与其环境间的相互作用。水提供或维持了良好的污染物质物理化学代谢环境，提高了区域环境的净化能力，同时增加了下游土壤中营养物质的含量，提高了土壤的潜在肥力，有利于农牧业生产。水体生物从周围环境吸收的化学物质，主要是它所需要的营养物质，但也包括它不需要的或有害的化学物质，从而形成了污染物的迁移、转化、分散、富集过程，污染物的形态、化学组成和性质随之发生一系列变化，最终达到净化作用（图2）。另外，进入水体的许多污染物质吸附在沉积物表面并随颗粒物沉积下来，从而实现污染物的固定和缓慢转化。发生在湿地附近的厌氧和好氧过程，促进了反硝化过程、化学沉淀和其他化学反应，从而从水中除去某些化学物质。

湿地净化主要有以下几个过程：

物理过程

这主要是过滤和沉积作用。湿地植物（如芦苇、莲花等）的根系可以组成一张绵密的网，能够有效地吸附悬浮物

黄河三角洲湿地（丁洪安/摄）

图2　湿地公园水质净化示意图

质。进入湿地的污水，经过基质层及密集的植物茎叶，其中的悬浮固体得到过滤并沉淀在基质中。

化学吸附过程

由于溶解颗粒物与泥炭土或植物表面分子发生电子的转移、交换或共有，形成吸附化学键，从而使污染物黏附到泥炭土壤和植物上的过程。这个过程通过延长和吸附媒介的接触时间提高污染物质去除率，很大程度上依赖吸附类型、表面积电荷和可用的自由离子百分比。

沉淀过程

这是湿地中磷元素的主要去除方法。无机磷与溶解铝、铁、钙及泥土矿物质形成沉淀物储存在湿地土壤中，但这种途径需具有一定的容量。

生化反应过程

这是去除有机物的主要过程，湿地基质和水中的好氧和厌氧微生物分解污水中的有机物从而获得生长和繁殖所

水分微循环，万类竞自由
——沼泽湿地的生态功能

需要的能量和物质，实现废水的资源化和无害化。

　　水体富营养化主要是由于氮、磷元素引起，湿地对氮、磷的去除主要是通过湿地植物、基质及微生物的物理、化学及生化反应的协同作用进行，途径如下：

植物吸收

　　氮、磷作为植物生长的必需营养物质被植物吸收和同化，再通过植物的收割而将氮、磷从水体中去除，从而达到除氮除磷的目的。

微生物的作用

　　湿地中存在大量的硝化、反硝化细菌，硝化细菌在好氧或兼氧的条件下能够将氮元素转化为硝态氮，而反硝化细菌在厌氧或兼氧条件下能将硝态氮转化为 N_2 或 N_2O，从而将氮元素由湿地系统中去除，排放到大气之中。N_2、N_2O 释放是湿地土壤中的氮元素向大气输送的重要途径。

黄河三角洲湿地（丁洪安/摄）

反硝化作用过程中有一系列产物如 N_2O、NO、N_2 等，而这些产物比例通常以 N_2 最高，占氮释放总量的 80% 以上。湿地土壤在淹水条件下，反硝化作用是主要过程，N_2 的释放量超过 N_2O 而成为反硝化作用的主要产物；而当土壤 pH 较低且含有较高的 O_2 时，N_2O 则可能成为反硝化作用过程的主要产物。硝化-反硝化过程中的氨态氮向大气中的挥发也是一种氮的去除途径。湿地生态系统对水体中磷的去除是通过微生物的积累，磷被湿地浮游植物所吸收并没有真正地从湿地中去除。在一定的条件或季节，随同微生物一起富集在湿地土壤中的磷还会从底泥中释放出来，成为水体中磷的重要来源。

基质的吸附

基质对氮的吸附只占去除氮总量的小部分，而基质吸附却是湿地中除磷的主要机制。磷与基质中的金属离子发生化学反应而沉淀。基质对磷的去除率通常在开始时很高，随着基质吸附能力的下降而逐渐降低。基质吸附的氮和磷只是将水体中的氮和磷转移到湿地基质中，并没有从根本上将其去除或降解。基质对磷的吸附量有一定的限度，在一定条件下，基质吸附的氮和磷还会释放出来成为水体氮和磷的来源。有研究发现，白洋淀芦苇湿地土壤的饱和环境容量为 774 毫克/千克。人工湿地污水处理的研究也表明，通常在几年内基质吸附磷的能力就会饱和，并开始释放过剩的磷。湿地的净化与过滤功能有益于河流保持良好的水质，同时增加了土壤中营养物质的含量，提高了土壤的潜在肥力。目前，利用湿地作为点源和非点源污染物的去除与治理方法得到广泛重视。

水分微循环，万类竞自由
——沼泽湿地的生态功能

美化生存环境

　　有人喜欢苍凉的大漠，有人喜欢连绵的群山，不同的景色给人以不同的慰藉，应该没有人会不喜欢青山绿水好风景。湿地蕴含着丰富秀丽的自然风光，是人们观光旅游的好地方。

　　湿地具有文化、旅游、美学等方面的功能。纵观古今，人类的文明史与湿地息息相关。世界上许多河流湿地都是孕育人类文明的摇篮。在生产力低下的远古时期，人们不得不选择气候适宜、水资源充沛和土地肥沃的地区耕作、生活并建立聚居区。湿地对生态环境和人类生存发展产生了积极影响，是人类理想的居住场所，是人类文明的发祥地。同时，湿地也是自然景观的重要组成部分，为人类提供了多样化的视野，广袤、静谧的湿地上水草丰茂，鸟鸣啁啾，清风拂过，碧波荡漾，大自然给人类提供了魅力无穷的湿地环境。

　　黄河三角洲、三江平原、若尔盖湿地等都是我国著名的旅游风景区，除可创造直接的经济效益外，还具有重要的文化价值。尤其是城市中的湿地，在美化环境、调节气候、为居民提供休憩空间方面有着重要的社会效益。湿地是城市绿地系统的重要组成部分，对城市生物多样性保护、城市园林建设和生态环境建设有着重要的作用。以湿地公园为依托，引导居民参与到湿地公园建设活动中，开展生态种植、生态养殖、生态旅游，可以拓宽增收致富的渠道。将湿地生物多样性保护与精准扶贫结合起来，既能保护好珍贵的湿地资源，又能促进其稳定脱贫，让绿水青山变成金山银山。

然而，湿地景观及相关的美学价值一旦破坏就很难恢复。湿地是地球上具有重要环境功能的生态系统和多种生物的栖息地，与人类的生存、繁衍、发展息息相关，是人类最重要的生存环境之一。因此，人类必须与湿地、与自然和睦相处，成为同舟共济的伙伴。

人类最初逐水而居，依赖湿地生存，在与湿地斗争、恐惧湿地、敬畏湿地、认识湿地和利用湿地的过程中，在种植水稻、栽培荷花、养殖鱼蟹、疏洪利水、造舟建桥、修渠引水的过程中，在欣赏"长河落日圆""红掌拨清波"美景的过程中，在心痛湿地的破坏和消失、思考湿地的保护与持续利用的过程中，精神得到了升华。人们从湿地中获取物质，从湿地中发现诗情画意，从湿地获得灵感创作诗歌，从与湿地的相互作用的实践中积累了湿地保护和利用的经验，获得了知识的启迪，懂得了要善待自然、善待湿地。

关注湿地，就是关注我们人类自己；保护湿地，就是保护我们的家园！

水分微循环，万类竞自由
——沼泽湿地的生态功能

维持生物多样性

　　生物多样性是一个区域生态系统完好与否的标志，生态系统的物质循环、能量交换和信息传递三大功能都要通过生物多样性来完成，这是保证生态系统正常运转的基础。在生态系统的物质循环中，我们常常把各种生物和非生物成分滞留的作用形象地称为"库"，滞留时间长、流动较慢的部分叫"储存库"，滞留时间短、流动速度快的部分叫"交换库"。

　　2022年3月3日是第九个世界野生动植物日，主题为"恢复关键物种，修复生态系统"，即扭转所有野生动植物物种濒临灭绝的命运。在我们这个星球上，湿地是野生动植物的重要栖息地，它具有动物、植物、微生物种类丰富多样的特点，是生物物种的天然"储存库"和"交换库"。湿地在生物界一直有"植物资源库""鸟的乐园""动物的天堂""物种基因库""生物超市"等美誉。让我们聚焦湿地这一典型的生态系统类型，揭开其神秘面纱，了解湿地生物多样性同生态环境和人类生存发展是如何息息相关的。

生灵庇护所

湿地适宜的水土条件、良好的自然植被，为众多珍稀、濒危物种共存共生提供了广阔空间。滨海湿地、河流湿地、沼泽湿地、湖泊湿地等湿地生态系统是构成全球陆地系统中最为复杂的系统，每一种湿地生态系统都保护了动植物特定的优势种群。一片淡水沼泽湖泊，多样化的植被是其生态良好的体现。芦苇、蒲草、黑三棱、灯心草等挺水植物，水葫芦、浮萍等浮水植物，眼子菜、睡莲、荇菜等浮叶植物，苦草、黑藻等沉水植物，藻类等浮游植物，构成了和谐共生的群落，撑起湿地生机勃勃的画面。这些植物成熟了，它们的果实和根茎等又是两栖类、鱼类、贝类、水禽类动物的美餐；枯死了的植株，被线虫、菌类分解成碎屑，一部分成为动物的食物，一部分沉淀为有机物，成为植物新一轮生命的营养基础。湿地生物之间就这样形成微妙的生物链——从低等生物到高等生物之间通过食物链食物网形成能量流动，使生物界成为一个内在联系的整体。生物链的最大价值在于以"多米诺骨牌"的形式，形成相互保护的网络，也正是这个强大的生态网络保护着地球上一切生灵的持续健康繁衍。

植物资源库

湿地植物，即湿地上生长的植物群落。具体来说，就是在地表过湿、季节性积水或常年积水，有潜育层或泥炭累积的水成土壤上，生长的湿生和水生植物为主的植物群落。"关关雎鸠，在河之洲""参差荇菜，左右流之"，这些《诗经》上的诗句，描述的是湿地植物独有的画面。湿地富有生命，几乎遍布世界。湿地是温润的，这种温润却

水分微循环，万类竞自由
——沼泽湿地的生态功能

青藏高原（安雨/摄）

有一种坚强的力量，承载着郁郁葱葱的生命力，承载着草长莺飞的诗情画意，承载着一呼一吸之间的温润气息。

湿地是植物们最温暖的家。第二次全国湿地资源调查统计，我国湿地调查区域的高等植物约有239科1255属4220种（包括变种、变型），其中，湿地植物有200科692属2315种，分别占全国高等植物科、属、种数的43.6%、18.7%和7.8%。其中，苔藓植物有39科68属153种，蕨类植物有34科50属96种，裸子植物有2科4属6种，被子植物有155科570属2060种。40%的物种在湿地生存繁殖，湿地对于保护生物多样性具有难以替代的生态价值。我国还拥有众多被称为生物界"活化石"的珍稀物种，如中生代的孑遗物种水松、水杉。20世纪40年代，植物学家在湖北、四川交界处发现幸存的约四百年历史的水杉巨树，成为当时重大的科学发现之一。子遗物种从沧桑岁月中走过，带来远古时期的信息，讲述着不为人知的历史。像水松、水杉、宽叶水韭、中华水韭、红榄李、海南海桑、野大豆等珍稀物种的分布、生存和延续，对研究古代地理学、地质学和植物系统发育具有重要的科学价值。它们凭借着独特的形态适应与生理适应特征，构成了其他任何单一生态系统都无法比拟的天然基因库。

沼泽湿地植被类型通常划分为4种植被型，即木本沼泽植被、草本沼泽植被、苔藓沼泽植被和水生植被。根据植物建群种的生活型，可将木本沼泽植被分为森林沼泽植被和灌丛沼泽植被。不同的植被类群对环境条件的要求各有不同：我国森林沼泽植被主要分布在北方温带湿润半湿润区的大兴安岭、小兴安岭及长白山区，地貌类型主要是河流中上游河漫滩及平缓的沟谷地带，以白桦、落叶松和黄花落叶松为建群种；灌丛沼泽植被除在大兴安岭、小兴安岭及长白山区分布外，在滨海沼泽区、温带干旱半干旱沼泽区及青藏高原沼泽区也零星分布，生于沟谷、河漫滩及阶地上，通常位于林缘和草本沼泽之间，以桦木科的柴桦和油桦、杨柳科的谷柳和沼柳、杜鹃花科的高山杜鹃和密枝杜鹃以及蔷薇科的绣线菊和伏毛金露梅为建群种。草本沼泽植被是我国湿地植被中分布最广、面积最大、类型最多的一种类型，广泛分布在我国温带湿润半湿润沼泽区、热带亚热带湿润沼泽区、温带干旱半干旱沼泽区、青藏高原沼泽区和滨海沼泽区，常生于河漫滩、阶地、沟谷等地表过湿或间歇性积水的低地，群落建群种包括芦苇、三棱水葱、香蒲、碱蓬、荸荠、菖蒲、拂子茅、菰、木贼、杉叶藻、水葱、西伯利亚蓼和早熟禾。苔藓植物主要

水分微循环，万类竞自由
——沼泽湿地的生态功能

分布在温带湿润半湿润沼泽区，如长白山地区沼泽、兴安岭地区的额木尔河沼泽、老槽河沼泽、大林河沼泽、盘古河沼泽、大乌苏河沼泽等。水生植物主要包括浮水植物、沉水植物和挺水植物等类型。

自然界中，有一种种群数量极少、随时可能灭绝的动植物，被称为"极小种群物种"，拯救它们，是保护生物多样性的当务之急。珍稀濒危及特有植物均是我国湿地生物多样性保护的重点物种。据统计，珍稀濒危植物中有27种生长在沼泽湿地中，其中，濒危种7种（中华水韭、粗梗水蕨、雪白睡莲、手参、无柱黑三棱、药用稻、貉藻），极危种4种（水杉、莼菜、长嘴毛茛、泽泻），近危种3种（浮叶慈姑、角盘兰、朱兰），易危种5种（水蕨、水松、冰沼草、十字兰、红榄李），无危种8种（拟花蔺、高雄茨藻、纤细茨藻、绶草、北重楼、密花舌唇兰、木果楝、盾鳞狸藻）。国家重点保护野生植物43种，其中，有5种属国家一级保护野生植物，38种属国家二级保护野生植物。

食虫植物

食虫植物是湿地环境中常见的植物类型，是一种会捕获并消化动物而获得营养（非能量）的自养型植物。食虫植物的大部分猎物为昆虫和节肢动物。其生长于土壤贫瘠，特别是缺少氮素的地区，例如，酸性的沼泽，其中包括猪笼草科、茅膏菜科、狸藻科等。

猪笼草是具有笼状捕虫笼的主要类群，其捕虫笼生长于笼蔓末端，主要捕食昆虫，内表面具有作用类似的光滑蜡质区，可防止猎物从笼中爬出。马来王猪笼草等个别物

沼泽湿地植物（左猪笼草，中圆叶茅膏菜，右狸藻）

种可捕食大一些的动物，如小型哺乳动物或爬行动物，但它们的主要捕食来源仍是小型昆虫。二齿猪笼草在其笼盖下表面的基部具有两个齿状的尖刺，这两个尖齿是用来引诱昆虫爬到笼口的正上方，昆虫一不小心就会坠入笼子中，之后被消化液淹死。

圆叶茅膏菜，别名毛毡苔、捕虫草，它们具有可运动的黏液捕虫器，黏液腺存在于黏液腺柄的末端。若有猎物被黏附于附近，黏液腺柄会立刻向猎物方向弯曲，从而参与捕获和消化的过程。

狸藻是管状花目狸藻科下的一属植物。一年生或多年生草本。水生种类中的沉水的叶分裂成多数线形裂片，裂片基部常有捕虫小囊，陆生种类的叶常呈匙形。在中国，狸藻属植物主要分布于长江以南各省份，少数种分布于长江以北地区。

水鸟的天堂

湿地是鸟类最温暖的家——江西鄱阳湖是白鹤的越冬地，新疆的巴音布鲁克湿地是天鹅的重要繁殖地，江苏盐城沿海滩涂是世界上最大的丹顶鹤越冬地。湿地孕育了丰富且独特的生物资源，有大量濒危和珍稀物种栖息。第二

水分微循环，万类竞自由——沼泽湿地的生态功能

次全国湿地资源调查中，共记录我国湿地水鸟13目33科231种，其中既包括被列入《国家重点保护野生动物名录》的鸟种，也包括被《世界自然保护联盟濒危物种红色名录》收录的受威胁物种。湿地生态将陆地、天空、水体连接在一起，成为多种陆地动物、水生动物和鸟类等生活的场所、栖息地和驿站，自然的湿地生态系统为旅行的鸟儿们提供周到的饮食和差旅服务。

我国处在全世界9条鸟类迁徙路线的中间位置，按地域划分，可将我国水鸟主要分布区分为北方水鸟繁殖和迁徙停歇湿地、南方水鸟越冬湿地，以及独特的青藏高原湿地和沿海滨海湿地，每个区域代表的水鸟类群和居留型等各有不同。如近年来，随着济南生态环境日益改善和市民爱鸟护鸟意识不断提高，来济南湿地越冬安家的候鸟种群日益增加，已成为湿地岸边冬日一道靓丽的生态景观，济南这张"生态名片"更加熠熠生辉。国家二级保护动物大天鹅，近些年已成为济南冬天的常客，在济南北郊的鹊山湖湿地、章丘的白云湖湿地、平阴的玫瑰湖湿地等都有它们留下的痕迹，有的来去匆匆，有的则留下过冬。天鹅的到访，为济南的冬天增添了浓郁的浪漫气息，济南冬日的鹊山龙湖，湖水荡漾、芦苇摇曳，这片湿地成为天鹅首选的越冬地。

被誉为"中国白琵鹭之乡"的七星河国家级自然保护区，位于三江平原腹地，低河漫滩，是"候鸟天堂"，保护区内生物物种丰富，自然植被以芦苇沼泽和小叶章、薹草沼泽为主，清澈的水质和丰富的植被吸引了丹顶鹤、白琵鹭等珍稀鸟类的到来，这里常能看到百鸟归巢的壮观景象。

鸟类也是湿地环境优劣的"生态试纸"。青头潜鸭、中华秋沙鸭、紫水鸡、红头潜鸭、钳嘴鹳、卷羽鹈鹕……近年来，珍稀鸟类在很多湿地中被发现。湿地在维持野生物种种群的存续等方面有着重要作用，如此自然界才能生动演绎《滕王阁序》中"落霞与孤鹜齐飞"和"渔舟唱晚"的千年美景。

动物的天然栖息地

湿地依靠得天独厚的自然条件，为野生动物提供了丰富的食物和良好的栖息地，包括水生无脊椎动物、昆虫、土壤动物、微生物、鱼类及浮游生物。

近年来，湿地水生无脊椎动物受到关注。水生无脊椎动物是指生命周期的全部或至少一段时期内聚居于水体中的无脊椎动物群。在整合了全球769个近自然的湿地水生无脊椎动物的分布数据后研究发现，湿地中共分布有144科。而三江平原沼泽湿地水生无脊椎动物平均丰富度是全球最高的区域，分布有大型水生无脊椎动物76科，每块湿地中分布有15～43个类群。节肢动物（尤其是昆虫）是湿地生物多样性的主要组成部分，占据了湿地食物网中的多个营养级，是湿地生物多样性的重要组分。

湿地土壤动物研究主要集中在洪泛平原、湿草甸、泥炭地和沼泽湿地，这些湿地的土壤、凋落物、植被等为陆生无脊椎动物提供了栖息场所。土壤微生物是用肉眼难以直接看到的微小生物总称，是地球上最古老、系统发育最多样化和分布最广的生命形式。目前，湿地中广泛研究的土壤微生物是细菌和真菌。

我国是世界上最大的淡水多样性地区之一，对覆盖全国的165个支流和子流域淡水鱼类进行调查，共发现20目57科411属2063种淡水鱼类，约占世界淡水鱼种类总数的十分之一。

浮游生物是水生生态系统中的重要组成部分，它们在物质转化、能量流动、信息传递等生态过程中起到重要的作用。其中，浮游植物是水中的初级生产者，其光合作用也是水中溶解氧的主要供应者，它不但启动了水域生态系统的食物网，而且与渔业生产也有着十分密切的关系。浮游动物是初级消费者，它通过摄食浮游植物、作为鱼虾贝类等的直接或间接天然饵料来调节水体生态平衡。同时，许多浮游生物对水环境的变化十分敏感，其群落结构如物种组成、密度和多样性等是评价水体营养类型、评估水体生产潜力和判断生态系统稳定性的重要指标。浮游生物多样性增加可以改善生态系统初级生产力、养分循环和有机质分解速率等，对于湿地生态系统具有重要的意义。

地处黑龙江与乌苏里江汇流的三角地带的三江国家级自然保护区，以沼泽湿地生态系统为主要保护对象，面积大，土壤肥沃、湿地植被茂盛。保护区内国家一级保护野生动物有丹顶鹤、东方白鹳、黑鹳、白闲鹳中华秋沙鸭、虎头海雕、玉带海雕、白尾海雕、金雕、东北虎、紫貂、梅花鹿等12种；国家二级保护野生动物有棕熊、黑熊、猞猁、水獭、雪兔、马鹿、驼鹿、白额雁、大天鹅、鸳鸯等41种。

入选"中国森林氧吧"的珍宝岛湿地国家级自然保护区，是三江平原沼泽湿地集中分布地区，大面积的淡水湿

吉林莫莫格湿地的白鹤（王莅翔/摄）

黑龙江南瓮河湿地的狍子（谢建国/摄）

地集中连片，是亚洲北部水禽南迁的必经之地，也是东北亚地区野生水禽繁殖中心。在这里，可以登上观光塔眺望湿地波澜壮阔的美丽风光，也可以悠闲漫步乌苏里江，欣赏江水波光粼粼、岛屿星罗棋布、水禽飞鸟嬉戏。乌苏里江是中俄界江，俄罗斯风光尽收眼底，江水纯净、无污染，盛产"三花五罗"等名贵淡水鱼，以及大马哈鱼。

20世纪50年代开始，由于气候变化，人类的围垦、湿地水资源过度利用、环境污染、河流改道、海岸侵蚀与破坏、城市建设与旅游业的盲目发展等不合理利用，导致湿地功能降低甚至丧失、水质下降、水资源减少直至枯竭、生物多样性降低、湿地面积减少……

1970—2015年，全球湿地面积减少了35%，而生存其中的湿地动植物正面临着灭绝的威胁。当湿地不再作为鸟类的乐园，那些鸟儿们怎么办？如果湿地被破坏、面积减少，濒危的湿地物种将何去何从？下面向大家介绍几种湿地中的珍稀濒危动物。

丹顶鹤

丹顶鹤，即民间所称的仙鹤，是喜欢生活在开阔平原、沼泽、湖泊、草地、海边滩涂以及河岸沼泽地带的一种大型涉禽，常被人冠以"湿地之神"的美称。

它因其头顶生长的红色肉冠而得名"丹顶"，主要分布于中国、日本、韩国、朝鲜、蒙古和俄罗斯等国。每年春季，丹顶鹤离开越冬地迁往繁殖地，秋季离开繁殖地往南迁徙。常呈小群迁徙，最大结群可到40~50只。在迁飞时，由于栖息地不断变为农田或城市，丹顶鹤现在正面临严峻的生存危机。例如，吉林省西部的月亮泡曾是丹顶鹤的繁殖地，由于人为进行围湖筑堤，使堤内水位上涨，挺水植物带基本消失，堤外湖漫滩干涸，垦为农田，现在

吉林向海湿地的丹顶鹤（王荏翔/摄）

这个地方丹顶鹤已经绝迹。2010年，全世界的丹顶鹤总数估计仅有1500只，其中在中国境内越冬的有1000只左右，保护好丹顶鹤以及它们的生存环境为越来越多的人所关注。

丹顶鹤在中国历史上有重要的文化地位。在明清两朝，人们给丹顶鹤赋予了忠贞清正、品德高尚的文化内涵。一品文官的官服补子绣丹顶鹤，把它列为仅次于皇家专用的龙凤的重要标识，因而人们也称鹤为"一品鸟"。因此所以一幅鹤立在潮头岩石上的吉祥纹图，取"潮"与"朝"的谐音，象征"一品当朝"。因为丹顶鹤寿命长达50~60年，所以，人们常把它和松树绘在一起，作为长寿的象征。

丹顶鹤目前在《世界自然保护联盟濒危物种红色名录》中濒危等级为濒危（EN），同时被列入《濒危野生动植物种国际贸易公约（CITES）》附录I。

中国大鲵

中国大鲵俗称娃娃鱼，它是世界上现存最大的两栖动物（体长可以达到2米）。大鲵一般生活在水流湍急、水质清凉、水草茂盛、石缝和岩洞多的山间溪流、河流和湖泊之中，有时也在岸上树根系间或倒伏的树干上活动，并选择有回流的滩口处的洞穴内栖息。大鲵的视力不好，主要通过嗅觉和触觉来感知外界信息，它们还能通过皮肤上的疣来感知水中的震动，进而捕捉水中的鱼虾以及昆虫。

大鲵的耐饥能力很强，新陈代谢缓慢，有时甚至2~3年不进食都不会饿死。9~10月其活动逐渐减少，冬季则深居于洞穴或深水中的大石块下冬眠，一般长达

6个月，直到翌年3月开始活动，不过它入眠不深，受惊时仍能爬动。中国大鲵对生活环境中地质、地貌、水质等均有严格要求，能反映出生物多样性、生态系统稳定性、生态环境的优劣性等多项指标，因此是重要的环境指示生物。

自20世纪50年代起，由于栖息地破坏和对野外资源的过度捕捉利用，中国大鲵的野生资源迅速减少，很多地方的野生种群甚至已经灭绝。中国大鲵目前在《世界自然保护联盟濒危物种红色名录》中濒危等级为极危（CR）；同时被列入《濒危野生动植物种国际贸易公约（CITES）》附录I。

中华鲟

中华鲟主要生活在长江口外的浅海域。夏秋两季，成年的中华鲟会从海里游回长江，逆流而上，要历经3000多千米的溯流搏击，差不多一年的时间，10～11月才回到金沙江一带产卵繁殖。不过，现在这个千里寻根之旅几乎变成了绝命之旅。一路上，除水流的问题外，还有捕鱼网、螺旋桨、电鱼器、化工厂排出的污水等各种艰难险阻。

20世纪70年代，长江中的中华鲟繁殖群体能达到1万余尾，但是到了1981年，葛洲坝截流合龙后，截断了中华鲟的洄游通道，它们只能在大坝下游产卵繁殖。30多年来，在长江产卵的野生中华鲟数量越来越少。目前，中华鲟在《世界自然保护联盟濒危物种红色名录》中濒危等级为极危（CR），同时被列入《濒危野生动植物种国际贸易公约（CITES）》附录I。

中华鲟

红树林的生长沃土

作为水陆相兼的生态系统，湿地的独特生境使它养育了丰富的具有独特生物和生态特征的动植物资源。下面以红树为例，探讨一下湿地植物其特殊的形态适应与生理适应特征。

红树，乔木或灌木，高2～4米；树皮呈黑褐色。叶椭圆形至矩圆状椭圆形，长7～12（16）厘米，宽3～6厘米，顶端短尖或凸尖，基部阔楔形，中脉下面红色，侧脉干燥后在上面稍明显；叶柄粗壮，淡红色，长1.5～2.5厘米；托叶长5～7厘米。许多人看红树，觉得是一片绿林生机勃勃，专家这样解释：在世界的热带亚热带地区，一些生长在陆地的有花植物进入海洋边缘后，经过极其漫长的演化过程，形成了在潮间带生长的红树林，这种在潮涨潮落之间受到海水周期性浸淹的木本植物群落因其富含

"单宁酸"，被砍伐后氧化变成红色，故称"红树"。红树科有14属100余种，分布于东南亚、非洲及美洲热带地区，常与海桑科、马鞭草科植物组成红树林。

红树有着发达的通气组织，根和茎都有气腔和通气组织，叶茎和根部均有细胞间隙与气腔相通联，便于气体交换和满足各部分通气的需要；红树植物都具有特殊呼吸根，呈指状凸出于地面，高可达20～30厘米，使得呼吸根能在潮位较低的时候露出水面。同时，这些呼吸根的外表有粗大的皮孔，呈海绵状，便于储存空气及气体的交换，亦是红树植物受潮水浸淹的适应性体现。此外，湿地植物还会通过分化出不定根来帮助根系在缺氧条件下获取更多的氧气。这些不定根往往发育在水位以上的植物茎表面，从而替代主根系在因淹水而无法获得氧气时发挥功能。

某些红树植物的种子在还没有离开母树时就开始萌芽，生长成绿色棒状的胎轴，长13～30厘米，下端粗，上端细，发育到一定程度就脱离果实或与果实一起坠入淤泥中，数小时内就可扎根生长成为新植株。如果幼苗下落时正遇涨潮而被海流带走，由于幼苗包被里的间隙含有空气，可在海水中漂浮，当漂浮到海滩上时，便可扎根生长。

物种遗传基因库

湿地生物所携带的各种遗传信息储存在生物个体的基因之中，湿地遗传多样性是指存在于湿地生物个体、物种与物种之间的基因多样性。遗传多样性包括种内显著不同的种群间的遗传变异和同一种群内的遗传变异，包含染色体多态性、蛋白质多态性和脱氧核糖核酸（DNA）多态性三个方面。物种多样性是遗传多样性的基础，湿地丰富的物种多样性为形成纷繁多样的基因创造了条件。湿地中种类繁多的植物、动物和微生物依赖湿地而生存，任何一个物种或生物个体都保存着大量的遗传基因。湿地是重要的遗传基因库，在维持野生物种种群的存续、生物的进化、筛选和改良能作为商品的物种等方面均具有重要意义。遗传多样性可以增加生物生产量和改良生物品种，人类通过传统的育种技术和现代化的生物基因工程，成功地培育了新品种，不断扩大作物的适应范围，提高作物生产力。

人类的生活离不开湿地。众所周知，地球上只有2.5%的水是淡水，可供人类使用的不足1%，目前全世界还有22亿人没有安全的饮用水。所以，保护湿地，保护更多更好的淡水资源，对人类而言意义重大。因此，只有建设和保护好湿地生态系统，维护和发展好生物多样性，才能保障地球的健康，人类才能永远地在地球这一共同的美丽家园里繁衍生息。

　　　　　（执笔人：张振明、张文广、张之钰、袁宇翔）

水分微循环，万类竞自由
——沼泽湿地的生态功能

（谢建国/摄）

　　具有"中国天然氧吧"之称的南瓮河沼泽湿地是嫩江的主要发源地和水源涵养地；"中华水塔"三江源更是孕育了长江、黄河、澜沧江，三条汹涌澎湃、波涛滚滚的江河；天下黄河第一弯，首曲湿地生万物，母亲河从这里出现。"问渠那得清如许，为有源头活水来。"在本章让我们一起去寻找那些大江大河的发源地！

问渠那得清如许，为有源头活水来
——江河的源头

水陆过渡——沼泽湿地

南瓮河沼泽湿地

水陆过渡
沼泽湿地

　　森林苍茫、溪流密布、湖沼相连、燕舞莺歌、天高云淡的南瓮河沼泽湿地是我国最北的国家级湿地自然保护区，也是著名的"中国天然氧吧"之一。

　　南瓮河沼泽湿地位于中国北部的大兴安岭东

黑龙江南瓮河国家级自然保护区（谢建国/摄）

部境内，伊勒呼里山南部，北以伊勒呼里山脉为界，东至呼玛十二站，南与加格达奇林业局毗邻。地理坐标为东经124°51′37.43″~125°7′8″，北纬50°44′11″~51°8′52.61″，总面积46441.17公顷。区内的南瓮河国家级自然保护区，是我国唯一的寒温带水域内陆湿地生态系统类型的自然保护区，2003年6月被国务院批准为国家级湿地自然保护区，2011年被列入《湿地公约》的国际重要湿地名录，2013年入选中国50家最美湿地，2015年评为国家AAA级景区，保存有原始的森林、沼泽、草甸、湖泊、溪流、河川、冰雪等景观。南瓮河流域因其整体形如"瓮"，故名"南瓮河"，这也增添了南瓮河沼泽湿地的梦幻童话色彩。

北国边陲，气候寒冷

南瓮河流域整体上属低山丘陵地貌，地形起伏不大，地势为北高南低，西高东低，海拔高度一般为500~800米；在流水侵蚀、风蚀、冰川作用和地质不断变化的共同作用下，山顶圆润，山峰分散，相对高差较小，山峰多分散而孤立。该区是我国地带性多年冻土南缘地区，分布有岛状多年冻土，多年冻土厚度在47米左右；属寒温带大陆性季风区，夏季短暂而多雨、冬季寒冷而漫长，年均气温-3℃，一般9月末10月初开始降雪，冰雪在5月左右开始融化，最大积雪厚度高达30~40厘米，年降水量为415~500毫米，无霜期为90~100天。

嫩江源头，蓄水调洪

南瓮河沼泽湿地是嫩江的主要发源地和水源涵养

地。历史上，嫩江从未断流与南瓮河沼泽湿地的重要作用有关。南瓮河径流的年内分配变化大，绝大部分集中在6~9月的汛期，而冬季径流只占年径流的5%左右。根据年水文特征，将全年分为3个水期：6~9月为丰水期，4~5月、10~11月为平水期，1~3月、12月为枯水期。枯水期水质好于丰水期和平水期。南瓮河流域面积约为嫩江上游流域的1/7，平水年径流量为7.2亿立方米，占嫩江上游流域多年平均径流量的1/4。该区河网密布，不对称槽形河谷十分宽坦，流水的侧蚀比纵蚀强烈，河曲明显，河谷中普遍分布有牛轭湖及水泡等。

由于南瓮河流域冷湿的环境、平坦的地势，河流与湖泊密布，加之多年冻土层的存在，起到了隔水层的作用，进一步滞水，逐渐形成多种类型沼泽湿地，有森林沼泽、灌丛沼泽、草本沼泽、岛状林湿地、冰湖湿地及湖泊湿地。沼泽湿地土壤主要为泥炭土和腐殖质沼泽土，而泥炭土主要分布于森林沼泽与灌丛沼泽中。沼泽湿地的泥炭土最重要的一个属性就是含水性与持水能力，含水性为自然状态下泥炭含有水分重量的百分率（%），草本泥炭含水量相比于藓类泥炭较低，但也能维持在饱和含水量的80%左右；持水性是泥炭吸收和保持水分等能力，以干泥炭吸收水重量百分率（%）表示。而藓类泥炭，由于未分解的纤维组织、大孔隙空间与低密度有机质相结合，其持水可达到干重的10~20倍，并且泥炭沼泽形成的地下径流量很少，相当于沙质土壤的17%~50%，这也有利于土壤水分的保持。南瓮河草本沼泽土壤最大持水量约为33.43%，最大蓄水量约为1510.94吨/公顷；灌丛沼泽最大持水量约为371%，最大蓄水量约

南瓮河湿地（张维忠/摄）

为4904.4吨/公顷，这也使南瓮河沼泽湿地成为嫩江源头的重要水源涵养区，起到了把水留住或"储水器"的作用。

南瓮河沼泽湿地区虽然降水量不算低，但其具有较高的蒸发量（一般为1000毫米），为降水量的2~2.5倍，尤其在5~6月，常有明显旱象，具有云雾少、日照强、温度低的气候特点，加之冻土层的普遍存在，水分往往除滞留沼泽地表中外，其余均流入河流而排走。而南瓮河沼泽湿地作为嫩江的源头，其水源涵养功能在水文调节过程中的作用就更为突出。沼泽湿地水源涵养功能指湿地通过对降水的截留、吸收与存储，减缓了水循环的周期，调节了地表水和土壤水的补—径—排的关系，进而对流域的水文过程产生影响。对于南瓮河沼泽湿地，薹草沼泽一般分布在沟谷与河漫滩，地表常年积水，地表水处于微弱流动状态，大部分时间水停滞在地表；灌丛与森林沼泽一般分布在高河漫滩和台地，季节性积水，在春汛和雨季表现为

问渠那得清如许，为有源头活水来

——江河的源头

地表积水，在干季时，由于泥炭土的存在，持水力强，土壤保持潮湿状态。沼泽湿地对南瓮河径流的调节作用主要体现在两个方面：一是对年径流量的影响，这主要因为泥炭土持水量强，土壤中可蓄积大量的水分，春季融雪或雨季，河流水位上升并溢出进入沼泽，沼泽泥炭将水分蓄积，枯水期再缓慢释放水分补给河流，使区域内的河流流量变化振幅远小于降水量变化，起到了调节河流径流的作用；二是对河流年内流量分配的影响，这与泥炭土的持水性和透水性有关，南瓮河沼泽湿地既是河流的发源地，又是地表水的蓄积地，在河流丰水期能有效地削减洪峰，使汛期河流洪峰平缓或延后，水量相对也减少，发挥着蓄洪调洪的作用。

生态屏障、鹤长凫短

南瓮河沼泽湿地不仅承担了嫩江的补水、维持流域的

黑龙江南瓮河国家级自然保护区（谢建国/摄）

水平衡、调节流量、控制洪水等生态服务功能，在调节大兴安岭地区的气候、维持一定的湿度和降水、减少森林火灾的发生等方面也发挥着重要功能。并且由于处于地带性多年冻土的南缘，南瓮河沼泽湿地与多年冻土具有"共生"的关系，对多年冻土有保护作用。这是因为泥炭土独特的热力学性质，具有隔热和保储水分的功能，会使下覆冻土的冷储不易耗散，对冻土起到保护作用。由于南瓮河流域多样的湿地类型，使其具有丰富的野生动植物资源，为各类动物提供了充分多样的栖息地和丰富的食物资源，例如，南瓮河森林与灌丛沼泽中生长着被誉为"水果皇后"的野生蓝莓，具有极高的营养价值；又如，该区域也是寒温带鸟类的重要栖息地，共有鸟类216种，其中，国家一级保护野生鸟类7种，包括白鹳、黑鹳、丹顶鹤、白鹤、白头鹤、黑嘴松鸡和金雕。每年春夏，各种留鸟与候鸟纷至，百鸟争鸣，鸟集鳞萃。

总之，南瓮河沼泽湿地以其独特的寒区冷湿环境、河道曲折、湖泡相连、多样的沼泽湿地类型、理想的野生动植物栖息地等生境特征，在水源涵养、多年冻土保护与生物多样性保护等方面发挥着重要作用。但在气候变暖的影响下，该区域面临着多年冻土退化、生物演替加剧及人类活动干扰增强等威胁，虽然湿地自然保护区的建设与发展对维系区域的生态稳定起到了关键作用，但今后仍需加强该区域的生态建设与管理，使其成为我国寒温带生态文明建设的典型基地。

三江源沼泽湿地

　　有人说三江源的美，在于它的遥远，遥远得如一座远山上飘曳的经幡，让你思绪万千：文成公主的乡思、唐僧取经的晒经台、格萨尔王的古战场……

江河发源育中华，水塔美誉润国民——"中华水塔"三江源

　　三江源究竟是怎样的一个地方呢？顾名思义，这里是长江、黄河、澜沧江三条大江的发源地，一片主要由草原和草甸组成的蛮荒大地。天空是各种"APEC蓝""G20蓝"都无法比拟的蓝，白云如同软绵舒适又白净的棉花。绿色的草地上是成群的牛、羊等家畜，春、夏时节会铺满各种颜色的花朵地毯。有时候你会看到成群的藏原羚、黑颈鹤，或者形只影单的狼、雪豹……但是这些表象的描述，远远不能概括这片区域的特殊性和重要性。

高山上的来水——大江大河的发源地

　　人们谈起青藏高原的高山并不陌生，却似乎很少会把青藏高原与河网密布这样的词语相关联，但在三江源区，

大小河流达180余条，而其中引得成千上万人不远千里奔赴于此朝圣的，便是中国三大江河——长江、黄河、澜沧江的源头支流。

　　长江、黄河、澜沧江，三条汹涌澎湃、波涛滚滚的江河，历来为世人所熟知。事实上，它们诞生于同一个"摇篮"。世界上很难再找出这样一个地方，汇聚了如此众多的名山大川，世界上也很难再找出三条同样的大河，它们的源头竟是如此之近，血脉相连，恐怕这就是三江源头的神奇魅力。长江、黄河、澜沧江（境外通常称湄公河）从青海省南部玉树藏族自治州缓缓流淌，它们的出现是微弱的，如同脉搏，如同你隔着躯体感受到的心跳，但它们迸发出无尽的希望，在遥远的地方释放着大量能量。

　　地处青藏高原腹地的青海三江源地区，平均海拔4200米，区域总面积36.3万平方千米，既是中国面积最大的天然湿地分布区，也是中国海拔最高的自然保护区，素有"江河源""中华水塔"之称。这里雪山连绵、冰川纵横、河网密集、湖泊星罗棋布。长江发源于唐古拉山脉的主峰各拉丹冬冰峰下，源头是冰雪雕琢的世界，绵亘几十千米的冰塔林犹如座座水晶峰峦，千姿百态，婀娜动人，体现出大自然的博大胸襟；滚滚黄河像一条横空出世的金色长龙，它发源于巴颜喀拉山北麓的卡日曲河谷和约古宗列盆地，源头湖泊、小溪星罗棋布，水丰草美，景色壮观；澜沧江源自唐古拉山北麓的群果扎西滩，这里地形复杂，沼泽遍野，是珍禽异兽的欢聚之所，景致万千，分外迷人。

问渠那得清如许，为有源头活水来

——江河的源头

高山上的希望——生命之水的承载者

黄河之水天上来，三江源地区是一个水的世界。独特的生态环境，营造出世界上独一无二的高海拔大面积高原沼泽湿地生态系统，加之高山四围有利于局部降水，使得地势高亢、气候寒冷、大气涵水能力弱的半干旱气候区也能储存生命之水。三江源对于很多个省份，或者说大半个中国都是有着重要意义的，这三条江河，在自己奔向远方的旅途中，把原本漫长而孤独的过程，变得壮丽。它们给云、贵、川、藏、陕、甘、宁等十多个省（自治区省辖市）带去了生命的源泉，我国近六成的土地上都有它们的身影，而一切都不局限于此，它们甚至是很多国际河流的初身，给繁多的物种带来希望，调节着它们的生活环境，让这个大花园拥有更多的可能性。

高山上的精灵——"善变"的高原之水

在三江源，水不止一种形态。

在这片素以奇崛高寒著称的土地上，水呈现的形态多姿多彩：除了流淌的水，绝大部分都以冻土、冰川的形式被大地封藏，还有一些或汇聚于湖泊，或涵养于湿地，或渗透于地下，共同构成一个高原水世界。

奔腾之河流

三江源每年向三条江河的中下游供水近600亿立方米，是中国和东南亚地区10亿人的生命之源。一组数据显示：长江总水量的25%，黄河总水量的49%和澜沧江总水量的15%都来于此。三条大河的水源主要来自冰川融水。融水汇成涓涓细流，聚成大江大河。在河床与水流的相互作用下，经过长期的侵蚀、搬运、堆积，最终发展成相对稳定的河流。

向着长江源头追溯，在青海玉树治多县的囊极巴陇，沱沱河与当曲汇流成通天河向下游而去。南流而来的当曲水面辽阔，在藏语中，当曲意为"沼泽河"，其源头拥有世界上海拔最高的连片沼泽，在草丘之中，水坑星罗棋布，与高原上似乎触手可及的云朵交相辉映，格外沁人心脾。沿着西流而来的沱沱河上溯，河面越来越窄，直至消失在姜古迪如的巨型冰川之下，冰川之壮、天地之宏，人立于天地之间静静倾听流水哗哗，这便是长江最初的声音，敬畏之心油然升起。

静谧之湖泊

在三江源，湖泊被誉为"高原明镜"，倒映着蔚蓝的天空和圣洁的雪山。除了美景，湖泊也承担着调节河川径流量的重要使命：洪水季节能够降低洪峰流量，蓄积水量；枯水季节能增加河川径流量，排泄水量。三江源园区第一大淡水湖鄂陵湖的形成是由于地壳变动，特别是地壳断裂凹陷后，地表水和地下水聚集在凹陷洼地里而形成，是一种典型的断陷构造湖。三江源还有一种地方特色湖，称为冰川湖。在冰川移动过程中，所携带的岩块侵蚀陆地表面，将地面刨掘出许多凹坑；当气候转暖冰川后退时，那些凹坑便会积水形成湖泊，形成冰蚀湖；冰川后退时，冰川所挟带的沙石有时会在地面上堆积成中间低四周高的洼地，冰川融化后形成湖泊，就是冰碛湖。

温润之湿地

三江源地区既是我国面积最大的天然湿地分布区，也是世界上海拔最高、面积最大、湿地类型最丰富的地区。这里由于冰川广布，多年冻土发育，在黄河源、长江的沱沱河、楚玛尔河、当曲河三源头，澜沧江河源都有大片沼泽发育，成为中国最大的天然沼泽分布区，总面积达6.66万平方千米。沼泽主要类型有藏北嵩草沼泽、三叶碱毛茛沼泽和杉叶藻沼泽，且大多数为泥炭土沼泽，仅有小部分属于无泥炭沼泽。

由于海拔高，气候严寒，生物种类少，沼泽植物种类也很少，仅有数十种。其中，以莎草科植物为主，常见有西藏嵩草、华扁穗草、苔草、大嵩草、驴蹄草等，无木本植物。沼泽中微地貌十分发育，有垄网状草丘、团块状草丘、垄状草丘、冻胀泥炭丘等。

长江源区有沼泽面积约1.43万平方千米，占江源区面积的13.9%。沼泽大多集中于江源区潮湿的东部和南部，而干旱的西部和北部分布甚少。从地势方面看，沼泽主要分布在河滨湖周一带的低洼地区，尤以河流中上游分布为多，当曲水系中上游和通天河上段以南各支流的中上游一带沼泽连片广布。以当曲流域沼泽发育最广，沱沱河次之，楚玛尔河则较少，显示长江源区的沼泽东部远多于西部地区。在唐古拉山北侧，沼泽最高发育到海拔5350米，达到青海高原的上限，是世界上海拔最高的沼泽。黄河河源区沼泽发育受到半干旱特征限制，主要分布于河源约古宗列曲、两湖周围及星宿海地区。澜沧江源区大小沼泽总面积为325平方千米，占江源区土地总面积的3.1%，主要集中在干流扎阿曲段和支流扎那曲、阿曲（阿涌）上游。其中，较大的沼泽群有扎阿曲、扎尕曲间沼泽，阿曲、支流扎那曲段流域内沼泽。河流湿地是河流等流水水域沿岸、浅滩、缓流河湾等沼泽化过程而形成的湿地，包括河流和小溪等。

高冷之冰川

在三江源，昆仑山脉的巴颜喀拉山脉、可可西里山脉、阿尼玛卿山脉及唐古拉山脉横亘其间，犬牙交错。这些山海拔普遍在5000～6000米。随着海拔的升高，山体上部的温度降低到0℃以下，进入冰冻圈，山顶常年积雪，经过年复一年的压实之后，在自身的重力及压力下运动形成了冰川。

长江、黄河和澜沧江等大江大河的水源多来自冰川融水。三江源地区共有冰川715条，冰川资源蕴藏量达2000亿立方米。长江源地区冰川最多，分布冰川627条，冰川储量983亿立方米，年消融量约9.89亿立方米；黄河源地区有冰川68条，冰川储量11.04亿立方米，多年固态水储量约有1.4亿立方米，年融水量约320万立方米，主要补给河川径流；澜沧江园区的冰川只有20条，因气候寒冷终年积雪。

高山上的湿地守护者——三江源湿地的保护建设工程

生态保护，迫在眉睫

三江源地区是青藏高原的腹地和主体，以山地地貌为主，山脉绵延、地势高耸、地形复杂，区内气候为典型的高原大陆性气候，表现为冷热两季交替、干湿两季分明、年温差小、日温差大、日照时间长。但由于青海所处的特殊地理位置，其地质历史原始而又年轻，自然条件多样而又严酷，生态系统复杂而又脆弱，种质资源极易遭到破坏。近年来，三江源地区的生态系统环境不断恶化，人口、资源、环境与发展之间的矛盾日益突出，生态保护迫在眉睫。

三江源自然保护区

为了保护好江河源头生态系统，保护好高原湿地，为高原特有的野生动植物提供良好的栖息环境，2000年8月9日，成立了我国面积最大、海拔最高的自然保护区——三江源自然保护区，并成立了青海省三江源自然保护区管理局。

三江源自然保护区总面积为39.5万平方千米，占青海省国土总面积的43.88%，以高原湿地生态系统、高寒草甸及野生动植物等为主要保护对象，是我国最重要的自然保护区之一。它是我国海拔最高的天然湿地，海拔为3450～6621米，这里不但是"中华水塔"，还是"亚洲水塔"；这里是野生动植物的天堂，是非常珍贵的高原物种基因库。

三江源国家公园

2021年10月，我国公布了首批国家公园的名单，三

三江源湿地藏野驴（徐永春/摄）

江源国家公园位列其中。三江源国家公园主要分为长江源园区、澜沧江源园区、黄河源园区。

黄河源园区——源头是卡日曲黄河源园区，位于果洛藏族自治州玛多县境内，包括三江源国家级自然保护区的扎陵湖－鄂陵湖和星星海2个保护分区，面积1.91万平方千米，涉及玛多县黄河乡、扎陵湖乡、玛查理镇19个行政村。园区内河流纵横、湖泊星罗棋布，扎陵湖和鄂陵湖是黄河上游最大的两个天然湖泊，与星星海等湖泊群构成黄河源"千湖"景观；高寒湿地、草地生态系统形态独特，有藏野驴、藏原羚、棕熊、雪豹、狼和黑颈鹤、雕、赤麻鸭、斑头雁等野生动物。

长江源园区——源头是且曲长江源园区，以楚玛尔河、沱沱河、通天河流域为主体框架，包括长江源头区域的可可西里国家级自然保护区、三江源国家级自然保护区的索加－曲麻河保护分区。保存了较为完整的大面积原始高寒草原、高寒草甸和高原湿地，是国家一级保护野生动物藏羚羊的主要集中繁殖地和迁徙通道，是名副其实的"野生动物天堂"。作为世界上高海拔地区生物多样性最集中的地区，其被誉为"高寒生物自然种质资源库"。

澜沧江源园区——源头是古涌曲澜沧江源园区，位于玉树藏族自治州杂多县境内，包括莫云、查旦、扎青、阿多、昂赛五乡。它独特的地形地貌以及复杂多样的气候条件，孕育了丰富多样的生态系统，从高山草甸、温带森林到亚热带常绿阔叶林、热带季风林和热带雨林。这里是中国三分之一以上的高等植物和动物的家园，滇金丝猴、雪豹、亚洲象、黑颈鹤、藏羚羊及高山兀鹫等珍稀濒危物种都在这里繁衍生息。

三江源湿地的保护与修复

在当地政府多年的努力下，三江源湿地保护修复技术研究已经掌握了不同湿地保护与修复技术的实施参数，为进一步制定三江源区湿地保护对策提供了科学依据。在三江源区的隆宝、扎陵湖、星星海等地，各建立了1000多亩的示范区，分别就人工增雨、围栏封育、引水灌溉、种群人工建植这4项湿地保护与修复技术进行了试验。同时，在进入21世纪后，国家也启动了三江源生态保护与建设一期工程，拯救和恢复三江源地区生态环境。目前青海省政府不再对三江源地区进行国内生产总值（GDP）考核，并把生态保护和建设纳入考核范围。

天赋青藏高原，地域山水之恋

如今，"千湖美景"归来，三江源地区生态环境已较

问渠那得清如许，为有源头活水来
——江河的源头

为改善。只见黄河源头"姊妹湖"扎陵湖、鄂陵湖水天一色，湖面上水鸟嬉戏，湖边牛羊饮水，自然和谐。珍稀动物栖息之处，山川相聚保护湿地，既有生命之禁区，更孕世界之屋脊。闲云野鹤，悠然自得；藏羚普羚，珍稀罕贵。真物华天宝之境，实人杰地灵之域。其物产之丰，野牲之众，草场之美，禽鸟之多，皆为世之罕见。环境之纯美，人文之淳朴，天界之纯蓝，三江之纯净，文化之纯正，信仰之纯洁，令世人瞩目。

故三江源乃民族之精魂，国家之血脉矣！

三江源湿地的美景和故事太多太多：有温泉的冬格措纳湖、泥火山守护的玛章错钦湖……这些湖泊与河流、沼泽一起，组成了三江源发挥涵养水源与调节气候关键作用的湿地。湿地之下，水流缓缓流淌，薹草或植于泥土或浮于水面，牛羊、飞鸟与鱼儿跃动起来，带领着极寒的高原在一片欢腾的气息中苏醒，并将生命之水源源不断地向祖国辽阔的土地输送……

这广袤的大地上美景随处可见，它们成群结队映入你的眼帘，让你应接不暇，毕生难忘。有限的时间，只能在有限的范围做自己喜爱的事，即便困难，即便凶险。如果对三江源有期盼，路途上的陷车、颠簸，以及长时间行车的疲惫，都不足以让人退却，因为当你抵达的那一刻，它会像教徒心中最伟大的圣地，每一位目睹这壮丽景色的人，都是它最虔诚的信徒。

甘肃黄河首曲湿地

问渠那得清如许，为有源头活水来
——江河的源头

你晓得天下黄河几十几道弯哎？几十几道湾上，几十几只船哎？我晓得天下黄河九十九道弯哎，九十九道弯上，九十九只船哎。那你知道天下黄河第一弯在哪里吗？

天下黄河第一弯，首曲湿地生万物——黄河首曲湿地

对于甘肃，你的第一印象是什么？是千年的石窟艺术，还是惊艳的大漠风光，或是绝美的丹霞地貌？甘肃甘南有着大自然对甘肃给予的最宝贵的礼物，被《中国国家地理》杂志评为"人一生要去的50个地方之一"，这里有青藏高原面积最大、最原始和保存最完整的自然湿地。辽阔的草原和大片的沼泽湿地，以其宽广的胸怀哺育着黄河。在这里，蜿蜒流淌的黄河水获得了充分的营养补给。因此，首曲湿地被誉为"黄河之肾""高原水塔"，是黄河重要的水源补给区。

九曲黄河，首曲甘南

黄河是中华民族的母亲河，是华夏文明的摇篮，流经青海、四川、甘肃、宁夏、内蒙古、陕西、山西、河南、山东九个省（自治区），全长5464千米。黄河流域有着丰富的河流、湖泊、沼泽等湿地资源，发挥着涵养水源、调节气候、净化水质、蓄水调洪、水土保持等重要作用。

这里是甘南州玛曲黄河首曲湿地。"玛曲"是藏语，意为黄河。黄河首曲所在地玛曲县是整个黄河流域唯一以"黄河"命名的县城。在玛曲当地，至今流传着一段关于黄河女儿的美丽传说。相传，为祈求家乡父老平安如意，黄河女儿出嫁时曾许愿朝拜东方的海螺峰。于是她翻山越岭，昼夜跋涉来到玛曲采日玛万延滩，终于望见日思夜想的"螺峰祥云"。但在深情祈愿后，黄河女儿非常思念养育自己的青藏母亲，眷恋之下又一路向西——朝着自己的家乡奔流而去。

中华民族的母亲河，以其波澜壮阔、源远流长而著称于世。黄河从青海省巴颜喀拉山谷奔涌而出，向东南方向一路奔腾而下，到达甘肃省玛曲县境内，突然一个回眸，形成了秀美绝伦的黄河首曲景观。久负盛名的"天下黄河第一弯"别具一格，婀娜多姿。地势平坦开阔，缓缓流淌，不受拘束，时常有一股股小的水流偏离河道，似孩童般在草原上玩闹，直到遇见庄严威武的雪山老人，又老老实实地回到母亲的怀抱。

当河流爱上草原，就像小伙子邂逅美丽的姑娘，紧紧相拥。西北汉子与黄河姑娘许下山盟海誓，一往情深，相知相守，白头偕老，甜蜜的爱情让人心生羡慕。在"这一弯"里，黄河边走边玩，眷恋草原，不忍离去，在这一万多平方千米的草原上蜿蜒流淌了433千米，诠释了江山如画的内涵，造就了水天一色的壮丽景色。

秀美首曲，源于河水

黄河首曲湿地是黄河上游重要的水源涵养区，被列入国际重要湿地名录，境内有一级支流7条，二级、三级支流100多条，均汇入黄河，包括洮河、大夏河、白龙江等。黄河流经甘南时的径流量增加108.1亿立方米，占黄河源区总径流量的58.7%。黄河从南、北、东三面环绕首区，形成"九曲黄河"的第一个转弯部，水面宽度80~350米，水深3.5~8米。同时，丰富的地下水资源构成了黄河上游重要的水源补给区，因此，成为黄河上游重要的"蓄水池"和"高原水塔"。

黄河之水天际来，逶迤穿行草原中。黄河首曲湿地的形成源于水量平衡，一是有充足的降水和有上游冰雪融水补给；二是低温蒸发微弱，使水分消耗少而得以保存；三是高原平坦的地势，水流缓慢，河流在宽广的河谷平原滩地上迂回流动，水分在此大量集聚。

广袤无垠，润泽万物

健康的湿地生态系统，是国家生态安全体系的重要组成部分，对经济社会发展发挥着越来越大的作用。而黄河首曲湿地是我国具有极高社会、经济和生态价值的大型多功能沼泽湿地，是全人类宝贵的自然财富。

黄河首曲湿地面积32.78万公顷，是我国沼泽分布密度最大的地区之一，以高寒沼泽湿地为主，泥炭贮量丰富，平均厚度2米，贮量达15.9亿立方米。黄河首曲湿地附近还散布着森林、山峡、草原、溶洞以及温泉，景色优美，素有"亚洲第一草场"之美称。

黄河首曲湿地是一个生物多样性丰富的地区，区内气

问渠那得清如许，为有源头活水来

——江河的源头

候寒冷湿润，泥炭沼泽得以广泛发育，生态系统结构完整，是中国生物多样性关键地区之一，也是世界高山带物种最丰富的地区之一。境内有丰富的野生动植物资源，已知有兽类42种、鸟类70种、两栖类3种、鱼类10余种。国家重点保护野生动物有雪豹、猞猁、水獭、豺、西藏野驴、棕熊、马麝、林麝、马鹿、白唇鹿、鬣羚、盘羊、岩羊、黑颈鹤、灰鹤、雪鸡、蓝马鸡、胡兀鹫、兀鹫、鹰、隼等。境内植被分属60科298属517种，国家重点保护野生植物2种，其中，羽叶点地梅、红花绿绒蒿为国家二级保护野生植物。药用植物有200多种，主要有冬虫夏草、川贝母、雪莲、秦艽、党参、羌活、大黄、红毛五加、黄花蒿、甘青乌头、黄芪、车前等。

春夏秋冬，四季流转

春季的首曲湿地，天蓝，地绿，水清。草原和水是上天赐予的恩惠，对藏区牧民群众而言无比可贵。有水的地方才有草，有草的地方才有水，这是牧民心中亘古不变的信条。在藏区流传着这样一句谚语：拔草的人长不高，弄脏河水的人眼睛会失明。

夏季的首曲湿地，水量充沛，形成大片湿地沼泽，宛如一块绿色的地毯，有大群的天鹅、灰鹤游弋生息，构成了如画风景。星星点点的帐篷炊烟袅袅，悠闲自得的牛马或低头饮水，或奋蹄奔跑。世世代代生活于此的牧民群众传颂着母亲河的记忆。

秋季的首曲湿地，迷人的绿色被炫目的金黄色所取代，更替出一片大自然宠溺至极的多彩世界，令人称赞。深深浅浅的黄色，在草地上绵延起伏，直到与天边的雪峰相接，宛若一幅雄浑壮阔、大气磅礴的美丽画卷，韵味十足，成熟而美丽。

冬季的首曲湿地，显得静谧安详。河水的表面悬浮着一层白色的水雾，变成了透明的镜子，倒映着蓝天、白云、飞鸟。远处连绵的草原，广阔无垠，湛蓝如洗的天空下苍鹰盘旋，诵经声悠扬。

游人莅临此地，确乎三生有幸。

天时地利享尽，天上人间难分。

人间仙境，世间乐土

黄河首曲湿地，正以其观止古今的姿态和格调独秀天下。

在这里，没有想象中的雄浑磅礴，只有百转千回的源流，如细密的掌纹，在宽阔平坦的草原大地上恬静清澈地缓缓流淌。

在这里，黄河静静流淌，"风吹草低见牛羊"的美景呈现在人们眼前。

在这里，"君不见，黄河之水天上来，奔流到海不复回"，母亲河将用它不竭的奔腾见证黄河首曲湿地的情深意长。

在这里，"落霞与孤鹜齐飞，秋水共长天一色"，天高、云淡、辽阔、宁静会于一缕，应有尽有。

游于湿地，周围的环境是如此安静，仿佛和天地融为一体，听见河流草原的对话，诉说彼此的思念。你在牦牛的"哞哞声"中，源源不断地汲取着草原大地的灵气；在藏人的诵经声中，抚慰着城市小伙躁动的心灵；在牧民的烟火气中，享受湿地的富饶与文明。安静的天空突然划过一道身影，原来是高原精灵——黑颈鹤在寻觅食物，上升下降，悠然自得。此时，你产生了新的感悟，湿地看似是安静的姑娘，实则是欢蹦乱跳的少年。

黄昏时分，放眼望去，黄河首曲湿地沉浸在一片色彩斑斓的火海之中，如诗、如画、如梦。夕阳余晖透过朵朵云层，像万道金光，恢宏的气势渲染着九曲黄河第一弯的壮景。藏族姑娘们聚集在河边载歌载舞，悠扬的歌声在天地之间回转。河边牛羊骏马镶嵌上了霞光的金边，光影变换着魔法似的在湿地、草原和森林之间演绎着各种各样的绚丽。

人杰地灵的黄河首曲湿地孕育了藏族牧民淳朴、开朗、热情的民风和丰富的湿地文化，至今仍然保留了游牧部落的民俗文化，这里是英雄史诗《格萨尔王》中的主人公的发源地。在岁月的长河中，玛曲藏族牧民的热情好客之心丝毫未减，洁白的哈达、醇香的酥油茶、美味的手抓饭、闻之欲醉的青稞美酒、优美奔放的藏族歌舞都表达了首曲湿地对远方客人的一片深情。因此，首曲湿地成为一处空气清新、回归大自然的理想避暑胜地。

通晓过去，滋养未来

黄河首曲湿地并不总是蓝天绿草，云淡风轻。从20世纪80年代开始，由于气候变化和人类活动频繁等原因，湿地面积曾严重萎缩，生物多样性骤降。地表径流量和地下水位急剧下降，有11条河流断流，还有众多支流成为季节性河流。裸地面积增加，沙化严重，三分之二的湿地消失，黄河补水的能力下降。鼠洞和野兔洞穴遍布草原，它们正以惊人的繁殖力和破坏力，与沙尘一起损毁着草地。牧民与湿地之间的生态平衡被打破，牧草稀了，毒杂草多了，喂养牛羊的能力差了。逐水草而居的牧歌生活，正经历着前所未有的危机。

近年来，针对首曲湿地面积逐年缩小、干涸等现象，国家和甘肃省加大了湿地保护力度。瞄准草场超载压力大、草畜不平衡的问题，让玛曲县黄河两岸的牧民搬进了牧民新区，改变了"逐水草而居"的生活方式，定居下来，圈养牛羊使得牧民群众也积极参与到治沙中来。所有人都明白，蜿蜒九曲的黄河水承载着这个古老民族对未来的希望与憧憬，只要能栽活一棵树、种好一株草，就代表自己为母亲河延续了一份美好的祝福。湿地生态环境逐年改善，生态环境退化的趋势得以初步遏制。

生态兴则文明兴，"绿水青山就是金山银山"的理念逐步深入人心，将保护生态环境作为一种生活习惯。今天的首曲湿地草绿水清，大量候鸟集群出现，除了鸟类，野狼、藏原羚、岩羊等野生动物也逐渐回归。高原生物的再现，说明近年来首曲湿地沼泽生物量不断增加，食物链越发完整，保护成效显著。

今天的首曲湿地，水光山色，草长莺飞，牛羊逐浪。越来越好的生态环境，让藏乡秘境成了无数人的诗和远方，"黄河定，天下兴"的千年期盼终将会变成美好的现实。

（执笔人：王宪伟、武海涛、张明祥、张振明）

问渠那得清如许，为有源头活水来

——江河的源头

（陈建伟/摄）

　　"竹外桃花三两枝，春江水暖鸭先知"。湿地在生物界一直有"植物资源库""鸟的乐园""动物的天堂""物种基因库""生物超市"等美誉，守护、滋养着地球上的万千生灵。湿地是动物的天然栖息地，也是水鸟最温暖的家。在本章中，笔者将向大家介绍扎龙湿地、向海湿地、吉林莫莫格湿地、大山包湿地、洪河湿地、三江湿地等天然物种库和基因库。

西塞山前白鹭飞，桃花流水鳜鱼肥
——生物的家园

水陆过渡——沼泽湿地

扎龙湿地

扎龙湿地不仅是丹顶鹤、白枕鹤等野生动物的"乐园"、"庇护所",更是嫩江、松花江平原的"肾脏"、"调节器"。对保护松嫩平原的生态环境和对当地社会经济可持续发展起着重要的作用,是当之无愧的天然物种库和基因库,具有较高的生物多样性。

源头活水,群鹤翔集

乌裕尔河,是发源于大兴安岭和小兴安岭交界处北安市的一条内陆河,流域面积2.3万平方千米,是中国的第二大内陆河,仅次于新疆的塔里木河。乌裕尔河经克山依安进入富裕县境内后,脱离河床束缚,成为数十条细流,化为湿地地貌,依次形成乌裕尔湿地、扎龙湿地、大庆湿地。

扎龙是蒙古语,意思是养牛、养羊的圈子。扎龙湿地位于黑龙江省松嫩平原西部乌裕尔河下游。地理坐标为北纬46°52′~47°32′和东经123°47′~124°37′,南北长80.6千米,东西宽58.0千米,总面积21万公顷,年平均气温3.9℃,年平均降水量402.7毫米,其中扎龙湿

扎龙湿地（文波龙／摄）

地约占全区面积的60%。扎龙自然保护区建立于1979
年，1983年成立保护区管理局，1987年经国务院批准晋
升为国家级自然保护区，保护区内湖泊星罗棋布，河道纵
横，水质清纯，苇草肥美，生态环境良好，被誉为鸟类
的"天然乐园"。扎龙湿地于1992年被列入《国际重要
湿地名录》，是我国最大的以保护鹤类等水禽为主的珍稀
鸟类和湿地生态类型自然保护区，也是世界最大的芦苇
湿地。

扎龙湿地物种丰富，湿地面积广大，积水较浅。土壤
类型多且分布集中；河水清澈，鱼虾肥美。鱼类资源有
46种，常见鱼类有鲫鱼、草鱼、鲶鱼、鲤鱼、柳根、麦
穗、狗鱼、泥鳅等，其中，鲫鱼占主要优势。典型植物
有芦苇、薹草、羊草、碱蓬、碱蒿、水葱、鹿草、槐叶
苹、香蒲及雨久花等。鸟类资源可以说是扎龙湿地的点睛

扎龙湿地（张维忠/摄）

之笔，约有260种，其中，国家重点保护野生鸟类有35种，最为著名的是鹤类，有丹顶鹤、白鹤、白头鹤、白枕鹤和蓑羽鹤6种。最为吸引人的是丹顶鹤，丹顶鹤在保护区为夏候鸟，每年4月到达，在经过成鸟3个多月的孵化哺育后，7月的幼鸟已经羽翼渐丰，开始飞出觅食。作为一种栖息于沼泽地的大型水鸟，丹顶鹤之所以把扎龙自然保护区作为理想的栖息繁殖地，是因为这里的苇草可以供其隐蔽，沼泽水域可以防止天敌危害，满足雏鸟出壳后生存的需要，水中的鱼虾及植物嫩芽等为其提供丰富的食物，同时，几乎没有人为干扰，为丹顶鹤提供了理想的栖息场所。

沧海桑田，日新月异

水生植物依赖水，水生动物离不开水，水鸟又从水中获得食物，湿地物种多样性是以水为条件存在的，可见水环境决定了湿地的生存。扎龙湿地的水来自小兴安岭的乌裕尔河，河水经过芦苇荡、沼泽地的层层净化过滤，达到国家二级水质标准。湿地丰富的水提供了丰富的食物，吸引了大量的水鸟在这里栖息繁殖，经常可以看到野鸭、鸳鸯等水鸟在河渠中游玩嬉戏。

扎龙湿地在地方政府和国家有关部门的大力扶持下，旅游业如火如荼地发展。但随着"生态旅游"的兴起，曾经的鸟类"天堂"遭到严重破坏。湿地退化、鸟类迁移、珍禽减少、鸟踪难觅，扎龙湿地很难再成为野生丹顶鹤的繁殖栖息地。近年来，政府采取了积极措施进行湿地恢复与保护，如靠人工措施补充湿地水量、禁止大规模采伐芦苇、迁移湿地核心区人口、减少人为对湿地的破坏、人工繁殖丹顶鹤等，营造了良好的生态环境条件。

西塞山前白鹭飞，桃花流水鳜鱼肥
——生物的家园

向海湿地

向海湿地，碧水长天，稀树高草，枝丫茂密，泡沼镶嵌，芦苇花香，水鸟嬉戏。在向海，沙丘、草原、沼泽、湖泊相间分布，纵横交错。湖光山色，重峦叠翠，美不胜收。

向海湿地（安雨/摄）

碧空如洗，一鹤凌云

东有长白，西有向海，向海原名"香海"，因域内的香海庙得名。向海湿地保护区是国家级自然保护区，位于白城市通榆县西北面向海水库南面，科尔沁草原东部边陲，面积为10.67万公顷，南北最长45千米，东西最宽42千米，西与内蒙古科右中旗接壤，北与洮南市相邻。保护区南部有霍林河贯穿东西，中部有额穆泰河流进湿地，北部引洮儿河水注入水库。区内两个大型和上百个小型自然泡沼星罗棋布。向海地形复杂，环境多样，构成典型的湿地多样性景观。保护区内有林地、湖泊水域、芦苇沼泽、草原，形成四大生态景区。

云飞鹤舞，绿野仙踪

向海湿地自然资源丰富，有200余种草本植物和20多种林木；有鱼类20多种、鸟类173种、鹤类15种，其中，鹤类占全世界现有鹤的40%；珍稀禽类有丹顶鹤、白枕鹤、白头鹤等，是远近闻名的"鹤乡"。区内国家一级保护野生动物有大鸨、东方白鹳、黑鹳、丹顶鹤、白鹤、白头鹤、白尾海雕、白肩雕、虎头海雕、金雕等，国家二级保护野生动物有白琵鹭、秃鹫、草原雕、灰鹤、蓑羽鹤、白枕鹤等；列入《濒危野生动植物种国际贸易公约》中的野生动物有49种。这里还是各种走兽出没的天然动物园，在草地中、树林里生活着狍子、山兔、黄羊、狐狸、灰狼、黄鼠狼等30余种大大小小的动物。区内蜿蜒起伏的沙丘，波光潋滟的湖泊，千姿百态的蒙古黄榆，绿浪滚滚的蒲草苇荡，牛羊亲吻着草地，鱼虾漫游于池塘，渔翁、牧童、炊烟、农禾……构成了一组秀丽的田园

西塞山前白鹭飞，桃花流水鳜鱼肥
——生物的家园

向海湿地（安雨/摄）

向海湿地（文波龙/摄）

诗，一幅淡雅的风俗画。

因为原始状态良好，加之保护成果显著，1986年向海湿地被国务院批准晋升为国家级自然保护区。1992年，向海自然保护区被列入《国际重要湿地名录》，并被世界野生生物基金会评为"具有国际意义的Ａ级自然保护区"，每年吸引大批专家学者来此考察、观光，进行学术交流。

世界野生生物基金会（WWF）和世界自然资源保护联盟（ＩＵＣＮ）等单位，曾先后在这里举办过水禽调查和湿地管理培训班；国内的鸟类学者和鸟类爱好者，每年也都来此开展科学研究，观看各种水禽和欣赏湿地风光。向海湿地，已成为我国东北地区重要的生物多样性保护地和科研教学基地之一。

西塞山前白鹭飞，桃花流水鳜鱼肥
——生物的家园

莫莫格湿地

莫莫格湿地羊草碱嵩平如绿毯，大小泡沼星罗棋布，碱蓬红毯美如锦缎，小叶章一望无际。在吉林省西部干旱地区生态环境极其脆弱的情况下，莫莫格湿地是该地区生态保护屏障，是得天独厚的资源宝库，生物多样性丰富，生产力较高，是当地社会经济可持续发展的物质基础和环境资本。

鸭啼雁鸣，源远流长

莫莫格自然保护区地处吉林、内蒙古、黑龙江三省区交界处的吉林省镇赉县内，辖区面积14.4万公顷，地理坐标为北纬45°42′25″~46°18′0″，东经123°27′0″~124°4′33.7″，是吉林省西部最大的湿地保留地。莫莫格源于蒙语，由于区内有几个大的流动沙丘，好像母亲的乳峰，所以人们就称这里为莫莫格，听起来和"妈妈"的发音有些相似。从地图上来看，莫莫格自然保护区坐落在松嫩平原西部边缘，整体来讲保护区西北高，东南低，地势平坦，相对高差不过10米，为嫩江及其支流冲积、洪积平原，属于内陆湿地与水域生态系

莫莫格湿地（安雨/摄）

统类型保护区。莫莫格自然保护区1981年经吉林省人民政府批准建立，1994年被国家环境保护总局（现生态环境部）列入我国第一批《重要湿地名录》，1997年晋升为国家级自然保护区，2002年管理体制调整为吉林省林业厅直属事业单位，2013年10月被列入《国际重要湿地名录》，其主要保护对象为白鹤等珍稀濒危水禽及其湿地生态系统。白鹤在莫莫格的停歇时间和种群数量堪称世界之最，备受国际、国内保护组织的关注。2010年11月，中国野生动物保护协会授予镇赉县"中国白鹤之乡"荣誉称号。

　　莫莫格湿地内泡泽星罗棋布，岛屿渺无人烟，江水滔滔、草原茫茫，饵料取之不尽，温度湿度适宜，群鹤起

西塞山前白鹭飞，桃花流水鳜鱼肥
——生物的家园

舞，成为多种鸟类的繁殖地，是东北地区中西部水禽迁徙的中转站。年复一年，日复一日，嫩江这条吉林西部的母亲河滋润着莫莫格水乡泽国。嫩江与洮儿河在保护区境内相汇，形成了8万多公顷适宜鹤鹳类等水鸟栖息的沼泽湿地。其中，嫩江沿岸3万余公顷薹草—小叶章湿地和纵横交错的江湾支叉为东方白鹳提供了理想的春秋集群及繁殖地；洮儿河、二龙涛河水文过程末端形成了5万余公顷三棱水葱、芦苇沼泽，是世界范围内白鹤东部种群迁徙路线上的重要停歇地。

湿地内的土壤类型多样，有沼泽土、草甸土、黑钙土、盐土、碱土等。水利资源充裕，皆属嫩江水系，发源于大兴安岭的嫩江，流域面积7万余公顷。动植物资源丰富：种子植物有600多种，其中，经济植物361种，分属

莫莫格湿地的鹤群飞舞（佟守正/摄）

莫莫格湿地（文波龙/摄）

于77科。鱼类4目11科，两栖类6种，爬行类2目4科
8种，兽类4目9科25种，鸟类17目55科298种，其
中，国家一级保护野生鸟类10种，二级保护野生鸟类40
多种。按照国际重要湿地基于水禽的标准，莫莫格保护区
有白鹤等13种水鸟，数量超过全球种群数量的1%。

　　莫莫格湿地对调节区域气候、增加当地降雨量、减少
或减弱风沙天气、提高农作物产量、提供淡水资源和水产
品、防洪减灾、保护珍稀濒危鸟类、维护区域生态平衡等
方面发挥着重要作用。

饱经忧患，道阻且长

　　20世纪40年代，莫莫格湿地湖泊相连，苇塘百里互
通，草美鱼旺，雁舞鹤歌，构成了独特的淡水湿地景观。
1950年以来，莫莫格湿地生态环境开始逐步恶化，主要
原因来自两个方面：一方面是气候因素，另一方面是人为

西塞山前白鹭飞，桃花流水鳜鱼肥
——生物的家园

莫莫格湿地雪中的白鹤（刘长权/摄）

莫莫格湿地的白鹤（王峥/摄）

因素。许多以湿地为栖息地的动物植物和微生物消失或死亡，生物多样性遭到破坏，鱼类死亡，丹顶鹤、鸭类无处筑巢，食物拮据，生存面临威胁，莫莫格湿地生态环境的严重恶化令人担忧。

湿地的恢复和湿地产品的产出，为当地群众增加了经济收入，发挥了经济效益。湿地观鸟和科普宣传教育增强了人们的保护意识，促进了生态文明建设，发挥了社会效益。湿地环境的改善可使局地小气候明显好转，因此，做好莫莫格湿地的保护与恢复工作，对维护吉林省西部地区的生态平衡和国家生态安全具有举足轻重的作用。

西塞山前白鹭飞，桃花流水鳜鱼肥
——生物的家园

山光水色——总览黑颈鹤之家

云南省昭通市昭阳区西部地区大山包乡的昭通大山包黑颈鹤国家级自然保护区，位于云贵高原凉山山系五莲峰山脉分支的高原面上，其地貌相对单一，而且多为高山丘陵，大山包地处滇东北五莲峰山脉主峰，属构造侵蚀高中山。整个山体由上古生界二叠系灰岩、玄武岩和中生界砂岩组成。第三纪初为准平原的一部分，后地壳抬升，金沙江及支流横江、牛栏江强烈切割形成高中山地貌，但山顶部是保存较平缓的残余高原面。

大山包周围环绕着水、陆、空三方交通干线，以方便与外界联系，另外，该地区距离昭阳区只有79千米，是集自然保护区、自然景观为一体的山丘型风景旅游区。

大山包黑颈鹤国家级自然保护区位于云南省东北部，地理坐标为东经103°14′55″～103°23′49″，北纬27°18′38″～27°29′15″之间。总面积约193平方千米，海拔2215～3364米。大山包沼泽湿地属暖温带高原季风气候，冬寒夏凉，气候属垂直带分布，常年平均气温保持在6.2℃，1月平均气温－1℃，7月平均气温

云南大山包湿地冬景（宋林继/摄）

12.7℃，10℃的有效积温798℃。日照长，年日照时数2200～2300小时。

云南大山包沼泽湿地境内主要河流跳墩河向西流入牛栏江，大海子河北流为大关河源流之一，大崖洞沟汇入叉沟后向西流入鲁甸县的龙树大河。在云南大山包沼泽湿地内，湿地分布点较多，但集中成片、面积较大分布的湿地主要在跳墩河、大海子、勒力寨、秦家海子、燕麦地水库等地。其中，跳墩河和大海子水体面积较大，湿地面积与范围随水位季节性变动而变化，冬季水位下降，浅水区面积增加，是黑颈鹤良好的夜宿场所。在山坡上随处分布着泉眼发育的小面积湿地，小则十多平方米，大则几十平方米，是鹤类白天活动的重要场所。其中，跳墩河水库集水面积17.7平方千米，蓄水面积3.375平方千米，库容量

1236万立方米，12月下泄流量0.2立方米/秒，7月流量15.1立方米/秒，水深约6.5米，水库边缘浅水区面积较大，周围有较大沼泽地，是黑颈鹤主要越冬栖息夜宿地之一。大海子水库集水面积约35平方千米，平均水深约2.5米，蓄水面积0.8平方千米。由于水库水位低，水库浅水区和周围湿地面积大，成为黑颈鹤越冬栖息集中的地区。勒力寨、燕麦地水库面积和蓄水面积均不大，但水库周围草甸也是黑颈鹤栖息觅食地之一。大山包沼泽湿地内水质优良，水温6.0℃，pH8.2，无工农业生产及生活污水污染，可供人、畜饮用，达国家Ⅰ类水标准。大山包沼泽湿地水深受地下水的调节，全年水深均0.8～3米，一年四季从不干枯，水位较恒定。

　　大山包沼泽湿地范围内以亚高山草甸土和棕壤为主，黄棕壤主要分布在森林植物较繁密和海拔较低的地区。大山包沼泽湿地的主要土壤类型为泥炭土和沼泽土。有机质含量丰富，平均达20%，全氮含量约2%，土壤pH为8.2，但速效养分含量较低。

　　云南大山包黑颈鹤国家级自然保护区主要保护对象是黑颈鹤。大山包湿地有动物28科68种，其中，哺乳动物4科10种，鸟类18科52种，鱼类3科5种，爬行类2科3种，两栖类3科3种。在大山包沼泽湿地越冬的黑颈鹤已由1990年初建保护区时的300只增加到2005年的1131只，还新记录到国家一级保护野生动物白尾海雕1只。其中，成年鹤862只，亚成年鹤及幼鹤269只，每年在大山包越冬时间为176～202天。此外，还有国家二级保护野生动物灰鹤、苍鹰、鸢、雀鹰、普通鵟、白尾鹞、斑头鸺鹤7种。云南省保护动物有豹猫、斑头雁、小鸊鷉、赤麻鸭、翘鼻麻鸭、绿翅鸭、鹊鸭、针尾鸭、绿头鸭、斑嘴鸭等。

　　大山包沼泽湿地属泛北极植物区，中国—喜马拉雅植物亚区云南高原地区滇中高原亚地区，有维管束植物56科140属186种，其中，蕨类植物9科10属11种，种子植物47科130属175种。较大的科有禾本科19属20种、蔷薇科12属18种、菊科7属10种、莎草科6属10种等。

祥瑞之鸟——保护黑颈鹤栖息地

黑颈鹤作为国家濒临灭绝的稀有动物，是该地区可观赏的重要景观之一。该地区的重要湿地之一——亚高山沼泽化草甸湿地是最具代表性的，并被《中国湿地保护行动计划》列入了《中国重要湿地名录》。每年1月的时候，黑颈鹤从青藏高原迁徙至此越冬，直到第二年万物复苏、春暖花开的时候才离开，黑颈鹤还是唯一生活在高原上的鹤种，大山包黑颈鹤国家级自然保护区的建立，就是为了更好的保护这独一无二的高原鹤类。

大山包沼泽湿地不但是黑颈鹤越冬的重要栖息地，而且也是现阶段黑颈鹤种群数量最大、分布最集中的越冬栖息地，并且周围都是大山包，不会受泥石流与洪涝灾害的影响，相应的水土流失问题自然会被避免，对当地生态环境建设起到很好的保护作用。大山包湿地是对云南乌蒙山区原始植被最大的保护，隶属于亚高山沼泽化草甸，当地植被特征具有典型性，高等植被较多，植物群系多，具有很大的研究价值。

大山包的空气比较湿润，景色也十分优美，植被种类很多，到处都是一片彩色美景。不管是民俗风情，还是自然风光，都能为当地旅游业提供很好的物资储备。另外，这里的面积广阔，到处是湿地、湖泊与草场，因此鸟类也非常多，而且很多是稀有动物，植被也得到了很好的保护，是旅游、摄影与休闲的首选之地，同时也是保护比较完整的旅游地，是昭通市重点建设的旅游精品点之一。

黑颈鹤是国家一级保护动物，主要在青藏高原繁殖、云贵高原过冬，是世界上15种鹤类中在高原上繁殖和越冬的鹤类，数量十分稀少。黑颈鹤都体形修长、姿态优

西塞山前白鹭飞，桃花流水鳜鱼肥
——生物的家园

雅，所以当地人也把它们称为幸福鸟、吉祥鸟，有"鸟类熊猫"的美誉。据云南省林业厅（现云南省林业和草原局）负责湿地保护的专家介绍，2002年云南省林业厅和国际鹤类基金会（ICF）合作开展的黑颈鹤同步调查显示，2002年大山包保护区越冬黑颈鹤为930只，2003年同一调查时间的调查数据为1043只，大山包已经成为中国黑颈鹤单位面积数量分布最多的保护区。由于每年沿固定的线路迁徙，为了保护黑颈鹤赖以生存的特定环境，以野生动物保护为主的大山包，同时还承担着对黑颈鹤栖息地亚高山草甸和沼泽化草甸生态环境的保护任务，黑颈鹤在云南越冬栖息的环境主要是湿地和湿地草甸，而湿地草甸在中国面积不多，自然保护区在有效保护黑颈鹤的同时，使云南省的亚高山湿地草甸免遭破坏，而过去遭到破

大山包湿地的黑颈鹤（宋林继/摄）

坏的湿地草甸通过人工恢复，可逐步恢复和扩大，并对湿地恢复起积极作用。因此，黑颈鹤及其栖息湿地的有效保护，对亚高山湿地及生物多样性的保护具有重要意义。

协调发展——人与鸟和谐共存

大山包黑颈鹤国家级自然保护区范围与昭阳区大山包镇行政范围高度重叠，截至2019年年底，保护区内5个行政村仍生活着18966人。由于海拔高，气温低，农作物产出低，长期以来，高原湿地内群众普遍存在着过度放牧、挖沟排水、把湿地变耕地、挖湿地草根泥炭作生活燃料等生产生活行为，人鹤争地矛盾十分突出。特别是自1988年以来，一直被当地群众称为"雁鹅"的候鸟首次以"鸟类熊猫"的身份刷新公众的认知后，一批批国内外人士每年追寻黑颈鹤足迹到此进行科考、摄影和旅游，大山包生态环境保护工作面临前所未有的严峻挑战。为筑牢长江上游生态屏障，切实保护好黑颈鹤越冬的理想家园，实现人鹤和谐共处，1990年，昭通市成立了大山包县级自然保护区；1994年，经云南省政府批准，升格为省级自然保护区；2003年经国务院批准，升级为国家级自然保护区。2005年云南大山包沼泽湿地被列入《国际重要湿地名录》。

云南省昭通市现有16个自然保护区，包括大山包黑颈鹤国家级自然保护区。大山包是诸多河流的发源地，属长江上游金沙江水系，区内拥有高山沼泽草甸，亦有多个水库。现在大山包保护区内并无工矿企业，居民数量较少，湿地系统未受到污染威胁，保护区内的水库浅水区及沼泽地内大量小鱼、小虾及农作物的遗留物为黑

西塞山前白鹭飞，桃花流水鳜鱼肥——生物的家园

颈鹤提供了食物。保护区附近居民有保护黑颈鹤的优良传统，加上保护区管理人员的宣传教育，在社区内形成了人鸟和谐相处的环境，也夯实了自然保护的基础。为了更好地保护大山包黑颈鹤国家级自然保护区，《云南省昭通大山包黑颈鹤国家级自然保护区条例》于2009年1月1日起施行。大山包保护区自成立以来，云南昭通市政府一直重视保护区的管理工作，在提高公众保护意识、制定保护区保护法规、退耕还湿等方面给予了大力的支持。当地民众养成了观鸟、爱鸟、护鸟的良好习惯，使这片古老土地上鹤翔于天、声闻于野的景观得以维持。

碟形湿地、浮毯广布、鹤翔鹳飞，泡沼星罗棋布、地表河流纵横，沼泽、草甸、岛状林相融的洪河原始沼泽湿地，构筑出拥有原始沼泽生态系统及珍禽生态系统的三江平原的璀璨湿地明珠。

洪河湿地，璀璨在天边的湿地明珠

洪河湿地，中国三江平原类型齐全、保存最完整的内陆湿地，位于黑龙江省同江市与抚远市交界处。在其200多平方千米的怀抱里，生息繁衍着234种鸟类，其中有国家重点保护野生鸟类东方白鹳、丹顶鹤和黑枕鹤等44种，它们或嬉戏于水中，或翱翔于天际，或穿行于林间，汇成一幅恍如仙境般的美丽诗画；还有32种动物在森林、灌丛、草甸、沼泽和河泡中游弋，让湿地充满了无限生机。这里素有"地球之肾"、"鸟类乐园"、"物种生物基因库"的美称，在那如诗如歌的盛夏、金秋季节，如棉的白云在蓝天上飘动，百媚千娇，风情万种，在幽蓝碧绿的丛林中飘逸出缕缕清香，沁人心脾。微风拂过，缤纷的树叶轻轻摇曳，抚弄出扣人心弦的旋律，如天籁之音令人如醉如

西塞山前白鹭飞，桃花流水鳜鱼肥
——生物的家园

痴，忘情于这自然、清新、和谐的天然风景中，享受的是风情万种的湿地给我们带来的美好。

三江平原原始湿地的缩影

洪河湿地被称为"飘落在天边的净土"。境内沼泽、草甸、岛状林的自然景观使它的生态系统在三江平原湿地中具有典型性，几乎囊括了三江平原所有的生物物种，包括大量国际和国内的濒危、渐危和稀有物种，已经被列为国际濒危物种繁育区域，是全球难得的生物物种基因库。至今仍保持着内陆湿地生态系统的完整性、自然性和典型性，是我国三江平原原始湿地的一个缩影，同时也是东北亚候鸟南归北迁的重要停歇地和繁殖地。植被类型以草本沼泽植被和水生植被为主，间有岛状林分布。洪河湿地拥有野生植物1012种，包括国家濒危野生植物野大豆、水曲柳、胡桃楸、黄菠萝、貉藻和杓兰6种；脊椎动物283种，国家重点保护野生动物丹顶鹤、白头鹤、白鹤、东方白鹳、大天鹅、白尾海雕、黑鹳等52种。在通透的空气中，洪河湿地的蓝天看过去既高远又切近，仿佛不远处就可踏上彩云，直入碧空。在这样清朗的天幕下，地面上纵横流淌的38条河流，星罗棋布的泡沼，13个湖泊，无边翠绿的水草，骤起翩飞的鸟群……都在展现着这片湿地独特的美丽和丰饶。

生态景观，浪漫体验

有趣的"碟形湿地"："碟形湿地"，顾名思义，其形状就像我们日常使用的碟子，中间低洼，周边高，这是由于微地形的变化所致。"碟形湿地"孕育了多样的植被类型，随着地形的不断抬高和水分的不断减少，植被类型形成明显的梯度变化，从芦苇沼泽、狭叶甜茅沼泽、毛果薹草沼泽到漂筏薹草沼泽、小叶章沼泽，然后到小叶章草甸、绣线菊灌丛，最后到主要以山杨林、白桦林和蒙古林为主的岛状林。"碟形湿地"不但景色美丽，还为科学家们提供了宝贵的科研场所，是研究生态系统演替和植被演替的典型范例。

"浮毯"湿地：该区域内还有这样一类湿地，就像地毯飘浮于水面之上，当我们走进这类湿地时，身体缓慢下降，而周围慢慢升起，有一种颤巍巍的感觉，但我们一定注意，在"浮毯"较薄的地方，有掉下去的危险。实际上这种类型的湿地被称为漂筏薹草湿地，湿地中漂筏薹草根茎交织成网，地上部分也在秋季枯萎后逐年聚积于水中，形成草根层或泥炭层，由于积水较深，草根层或泥炭层就会浮起，形成"浮毯"。漂筏薹草属于莎草科薹草属多年生植物，是漂筏薹草湿地的建群种和优势种，有发达的通气组织和输导组织，还有能够飘浮于水面生长的匍匐茎，长达2～3米（正常的植株高30～40厘米），匍匐茎是该植物拓展和壮大种群的主要利器之一。

濒危动物东方白鹳的"温润天堂"：东方白鹳是国家一级保护野生动物，目前全球的数量2500～3000只，主要分布在中国东北地区、俄罗斯远东地区等。东方白鹳喜欢栖息在沼泽、湿地、水塘等湿润区域，喜食鱼、蛙、昆虫等食物。洪河湿地"封闭"的环境将内陆湿地生态系统的完整性和自然性保留下来，成为东方白鹳在三江地区的聚集地，夏季湿润的环境给予东方白鹳繁衍栖息的"天时地利"，再加上湿地保护工作人员自1993年开始就坚持为东方白鹳搭建人工巢穴，招引东方白鹳来此地安家落户，2021年洪河湿地人工巢数量已达289个，全球约十分之一的东方白鹳将此地作为繁衍栖息的场所。此外，湿地保护工作人员还治救伤病的东方白鹳，已经让许多东方白鹳重回蓝天。我国已经着力将这块全球少有的湿地区域保护起来，为东方白鹳打造"温润天堂"。

西塞山前白鹭飞，桃花流水鳜鱼肥
——生物的家园

沼泽之美，草本之奇

沼泽、湿草甸和岛状林的生态系统在洪河湿地具有典型性，依地形的微起伏形式缓慢过渡，纵横交织，造就了多姿多彩的湿地自然景观。最具特色的是塔头薹草沼泽，秋天枯死，春天再生，一年最多能增高1毫米，直径60厘米左右的塔头墩，需要漫长岁月才能形成，这是一种不可再生的天然植物"化石"，也是原始生态环境的标志性植物。在一望无垠的湿草甸上，不仅有貉藻和野大豆等国家重点保护野生植物、漂筏薹草和乌拉草等极具湿地特点的植物，还间或可见一簇一簇翠绿的岛状林如碧海中的小岛宛然兀立。岛状林是洪河沼泽湿地植被中的重要群落，以山杨林、白桦林、杨桦林三种类型为主，亭亭的白桦树、婆娑的山杨林在丛莽之中卓然而立，俯瞰着整个沼泽湿地，将的荒凉旷野点缀得更加气势不凡。

貉藻（*Aldrovanda vesiculosa*）：属于茅膏菜科，国家一级保护野生植物。貉藻具有捕虫囊，能以水中的小型水生动物为食，是典型的食虫植物。

野大豆（*Glycine soja*）：属于豆科，国家二级保护野生植物，是大豆的"祖先"。

乌拉草（*Carex meyeriana*）：属于莎草科，与人参、鹿茸齐名，是"东北三宝"之一。数百年来，这种普通的小草，因具有保暖防寒的作用，成为当时生活中不可缺少的宝贝，备受人们喜爱。

生态理念，自然永驻

自开发北大荒以来，由于经济建设的发展及国家对开发和建设边疆的重视，三江平原的人口数量迅速增长。由于大批人口的嵌入，湿地面积及格局发生了很大的变化。1949年，本区平原内部的49.08%景观类型为沼泽和沼泽化湿地。自1949年以来，随着国家投入和人口的增加，三江平原湿地的垦殖面积呈迅速增加的趋势，垦殖率从1949年的7.22%增加到1994年的41.99%，这种情况下农田成为本区的主要景观类型，导致沼泽湿地大面积减少。1984年经黑龙江省人民政府批准建立洪河省级自然保护区，1996年经国务院批准晋升为国家级自然保护区，2002 年被列入《国际重要湿地名录》。洪河湿地反映了三江平原原始湿地风貌，是内陆湿地和水域生态系统类型的自然保护区，是我国三江平原的一个缩影，它集生态系统的典型性、稀有性和生物多样性于一体，2001 年被联合国开发计划署（UNDP）、全球环境基金（GEF）、国家林业局确认为"中国湿地生物多样性保护与可持续利用项目"三江平原典型示范区。

西塞山前白鹭飞，桃花流水鳜鱼肥
——生物的家园

长白山苔原带沼泽

　　位于中国东北部的长白山，与朝鲜相邻，是欧亚大陆东岸的最高山，海拔2744米。长白山以独特的林海奇峰、温泉瀑布、异兽珍禽和丰富的高山植物著称，集自然秀美于一体，成为旷世罕见的名岳。长白山拥有完好的大片原始森林，植物种类繁多，植被的垂直分布十分明显，构成温带地球表面植被水平分布的缩影。尤其是位于海拔2000米上的高山苔原，是欧亚大陆山地苔

长白山苔原带（王雷/摄）

原的南端——中国独一无二的高山苔原。苔原上飘浮的云海，时隐时现的鲜花，姹紫嫣红、璀璨夺目，野蜂低语，彩蝶翩飞，似"空中花园"般美丽。长白山典型的高山苔原，为我国绚丽多姿的自然景观增添了极地自然类型。

极地气候引雨雪

长白山高山苔原带为苔原—冰缘气候，常年低温，冬季漫长，夏季短暂，年平均气温为−1.6℃，日极端最高温28.1℃，日极端最低气温−34.8℃。年平均相对湿度为74%。年平均降水量在1000~1300毫米，降水多集中在夏季。云雾多，风力大，气压低，是长白苔原带气候的主要特点。风力一般在7级以上，几乎全年处于大风日，年平均风速为11.7米/秒。土壤主要为高山苔原土，土壤的下层全年冻结或短时间冻融(有一定坡度)。土层很薄，剖面层次不明显，土壤温度低，冻结时间长，水分过剩，有机质分解缓慢，大量积累，有泥炭化特征。显然，这里应该很荒凉，是生命的脆微地带。然而，生命的力量是不可估量的。在这种残酷的自然环境里，那些看上去微不足道的矮小植物，却深深地扎下根，各种杜鹃科灌木、草本植物、苔藓、地衣，相互搀扶，充满爱意地生长着。

苔原地毯绽斑斓

长白山高山苔原共有植物31科75属94种。为了适应高山严酷的自然环境，苔原带的植物无论是灌木还是草本，都十分低矮，但根系却很发达，盘根错节。植被的地下部分外露，成为浅根系，这是苔原的生态特征。这里的

西塞山前白鹭飞，桃花流水鳜鱼肥
——生物的家园

长白山苔原带（王雷/摄）

无霜期不足60天。也正是这短短的60天，逼迫生长在这里的植物拼命吸收阳光、雨露，使出浑身解数抓紧时间生长、繁衍，完成生命的传承。时值盛花季节，灌木植物和草本植物几乎都盛开着或鲜艳或精致的花朵，形成了五彩斑斓的"地毯式"苔原植被，这些花儿在适应严酷环境的同时，将美丽奉献给世界。

　　每年5月，苔原带还残留尚未消融的冰雪，一种具有强大生命力的植物——高山杜鹃（*Rhododendron lapponicum*），开遍沟谷山坡，它厚厚的、覆着蜡质的叶子四季常绿，第一个把春天带到了这皑皑白雪的山顶。长白山高山苔原植物种类丰富，优势植物有牛皮杜鹃（*Rhododendron aureum*）、叶状苞杜鹃（*Rhododendron redowskianum*）、苞叶杜鹃（*Rhododendron bracteatum*）、越橘（*Vaccinium vitis-idaea*）、笃斯越橘（*Vaccinium uliginosum*）、松毛翠（*Phyllodoce caerulea*）、东亚仙女木（*Dryas octopetala* var. *asiatica*）等。另外，代表性草本植物有长白米努草（*Minuartia macrocarpa* var. *koreana*）、白山毛茛（*Ranunculus japonicus* var. *monticola*）、长白耧斗菜（*Aquilegia plabellata*）、高山红景天（*Rhodiol acretinii* subsp. *Sinoalpina*）、大白花地榆（*Sanguisorba stipulata*）、高山龙胆（*Gentiana algida*）等，这些植物大多是随第四纪冰川南移后遗留下来的极地植物。苔藓和地衣与北极地区的相似度达96%，有塔藓（*Hylocomium splendens*）、高山金发藓（*Pagonatum alpinum*）、长毛砂藓（*Racomitrium albipiliferum*）、雀石蕊（*Cladonia stellaris*）、岛衣（*Cetrariaisla ndica*）等。

高山逆境适应植物

高山苔原生境严酷，气温、日照、风力、土壤等生态因子对植物的形态建造和生长发育都有明显作用，因此高山苔原植物有如下特点：

（1）高山苔原虽然水分充足，但受气温低、风力大等影响，植物可吸收的水分少，营养贫乏，出现明显的旱生特征。叶呈革质，即叶表面有厚的角质层，如牛皮杜鹃、苞叶杜鹃；叶片有毛茸，如东亚仙女木的叶片背面密生白色绒毛；叶片面积缩小，如松毛翠的叶呈针状，反卷；叶片肉质化、气孔下陷，如长白红景天（*Rhodiola angusta*）、钝叶瓦松（*Hylotelephium malaoophyllum*）等。

（2）植株矮小。高山环境气温低、风力大，东亚仙女木、松毛翠、越橘以及苞叶杜鹃等杜鹃花科小灌木匍匐生长，茎枝横卧紧贴地面，地上部仅10~20厘米。草本植物嫩枝向上生长时，因被大风吹击和缺乏有效水分，不仅植株矮小，而且叶片密集于茎的基部，成莲座丛形，如长白米努草等。这些特点主要是增强抗风能力，同时也和土壤表层温度较高以及覆雪层较厚有关。

（3）根系发达。优势种牛皮杜鹃等杜鹃花科小灌木高20~25厘米，新茎直立，老茎匍匐伸展，其上生长不定根，在土壤表层盘根错节，长达180~250厘米。这与土壤层薄、土壤表层温度较高、水分较多有关。由此，植株地下部的生物量大于地上部的生物量，并且地上部叶片的生物量又大于茎枝的生物量。

（4）植株的茎短缩，节间短，枝条的长度增加缓慢。如牛皮杜鹃的茎，每年仅增长1~1.5厘米；多腺柳（*Salix nummularia*），有年轮5~6轮，平均每年增粗仅0.2~0.3毫米。这些形态特点，都与生长期短等气候因素有关。

（5）高山苔原日照充足，紫外光强，植物的花大（与其植株相比），色泽鲜艳。例如，开黄白色花的牛皮杜鹃，开白花的东亚仙女木，苞叶杜鹃和松毛翠的花是桃红色和红色，长白棘豆（*Oxytropis anertii*）和高山龙胆的花是紫色。植物生长期短，因此，物候期每年都比较接近。在短暂的夏季里，百花齐放，万紫千红，优美的草态花容，衬托着远处白色的雪斑，在蔚蓝的晴空下，高山苔原成为独具风格的"空中花园"。

生态博物馆誉中外

长白山苔原带夏季花海绚烂，冬季寒冷在肃杀，苔原植物经过漫长的蛰伏与忍耐，为的是抓住短暂时机，尽情绽放生命。在冷湿多风的环境中，这是苔原植物别无选择的生存之道。长白山高山苔原带不仅是美丽的"空中花园"，还是我国乃至世界的科学和文化宝地、世界少有的"生态博物馆"。每年都有许多国际亚高山科学家、亚寒带温带科学家前来长白山一睹风采。

多布库尔湿地

西塞山前白鹭飞，桃花流水鳜鱼肥
——生物的家园

"多布库尔"是达斡尔族语言，意为"美丽、富饶"。这里曾经是达斡尔、鄂伦春等少数民族居住、生活和渔猎的场所，他们在这片山青水碧、物种丰富、没有污染的净土上世代繁衍生息。亭亭玉立的岭上白桦，一望无际的莽莽林海，美妙绝伦的湿地风光，都强烈地冲击着人们的视野，给人们耳目一新的感觉。

人迹罕至，景色秀丽

黑龙江多布库尔国家级自然保护区位于大兴安岭主要支脉伊勒呼里山南麓、嫩江的上游（北纬50°19′～50°43′，东经124°18′～125°04′），总面积为128959公顷。区内为低山丘陵地貌，地形起伏不大，地势为北高南低、西高东低。保护区是嫩江的重要发源地之一，区内河流均属嫩江水系，是嫩江的主要集水区和水源涵养地，发育着众多的支流。

保护区地处寒温带，地表存在永冻层和季节性永冻层，为融冰剥蚀地貌，在我国具有较高的典型性。另一常见地貌为"气候单面山"。山上分布形态各异的"石砣

109

子"，陡峭嶙峋，是难得的旅游景观。由于历史时期的冰川活动，山地岩石寒冷分化作用形成碎石，整个坡面为碎石所覆盖。

保护区全境河流山溪密布，其中，多布库尔河是保护区内最大的河流，水流湍急、河道曲折、水量适中、水体清澈，两岸风景秀丽，广阔的滩涂，是理想的风景河段和漂流河段。大古里河、小古里河和大金河蜿蜒而过，加上常年积水和季节性积水，区内大小沼泽密布，湿地面积较大，可以开展漂流观光、观鸟等旅游活动。

保护区主要树种为落叶松、白桦和黑桦等，灌木丛以蒿柳和赤杨为主，分布着约116种草本植物，多样的植物群落为野生动植物繁衍生息提供了良好的居所。这里既是丹顶鹤、白头鹤、东方白鹳、灰鹤、大天鹅、白额雁、红嘴鸥等候鸟迁徙停歇的重要场所，也是绿头鸭、针尾鸭、雀鸭、普通秋沙鸭、鸳鸯、各种鹬类等水禽的主要栖息繁衍地。保护区内多布库尔河、大小古里河等河流中生活着特有的细鳞鱼、哲罗鱼、狗鱼等珍贵的冷水鱼类共30种。

天然冷水性鱼儿繁殖库

黑龙江省水域年平均水温偏低，季节变化明显，冰封期可长达半年，明水期温度升高，水生生物和鱼类生长繁殖。多布库尔保护区属于大兴安岭地区，平均海拔250米，该区气候属于典型的寒温带大陆性季风气候，春季风大、少雨、干旱，夏季短促、温热、多雨，秋季降温急骤、早霜，冬季漫长、寒冷、干燥。区内大小河流属于山区河流，常年最高水温不超过20℃，石砾底质，水质澄清。

新疆巴音布鲁克的大天鹅（雷洪/摄）

区内水源补给以雨水和冰雪融水为主，对多布库尔河进行水质检测，其中，pH全年平均为6.76，溶解氧全年平均为9.53毫克/升，总氮全年平均为0.94毫克，总磷全年平均为0.11毫克/升，非离子氨全年平均为0.14毫克/升，叶绿素a全年平均为1.0毫克，重金属及石油等有毒害物质未检出。可以看出，水质状况良好，有毒害含盐量较低，基本符合水质Ⅲ类环境要求。其水环境理化性质基本一致，无明显化学成分分段，水化学成分适合水生生物和鱼类的生长繁殖。

水生生物包括浮游植物、浮游动物、底栖动物、水生维管束植物，它们或者是各种鱼类直接摄食的饵料生物，或者是间接的营养源。浮游植物及水生维管束植物是原初生产者，底栖动物、浮游动物及鱼类是次级生产者，浮游生物、底栖动物都是鱼类的饵料资源，它们的种类组成、数量和生物量的变化与水域鱼类的种类、数量息息相关。在多布库尔自然保护区水体中，共鉴定出浮游植物7门22科41属66种及变种，其中，硅藻门浮游植物占绝对优势。浮游动物的种类常见的有30个种属，其中，轮虫类数量最多。

水温低、流速大、植被丰富、水质优良、丰富的水面资源和水生动物资源为鱼类的生长创造了得天独厚的条件，因此，保护区是良好的冷水性鱼类和喜冷水性鱼类的栖息地。全区鱼类共有30种，其中，以鲤科为主，这是北方流域鱼类分布的共同特点。细鳞鱼、哲罗鱼、江鳕等是典型的北方强冷水性鱼类，充分反映出保护区高纬度地域性特点。此外，还有一些广布性的鱼类，如鲤鱼、鲢鱼、草鱼等。21世纪初，由于采金采沙、江河污染等原因，加之鱼类资源保护、渔业生产等方面管理制度缺失，使得鱼类的产卵场所、洄游通道受到破坏，一些名贵鱼类如哲罗、细鳞、唇鳎等已不多见，鱼类资源遭受很大破坏。

共建和谐自然

保护区位于寒温带与温带间的过渡地带，是国家重要湿地——嫩江源湿地的重要组成部分，森林生态系统与湿地景观镶嵌成为寒温带特有的森林沼泽湿地类型，同时又是保护生物多样性的重要基地，作为嫩江源头，具有涵养水源、保持水土、蓄水防洪、调节河川径流量的功能。保护区自2000年开始筹建，2002年9月由国家林业局（现国家林业和草原局）批准为部级自然保护区，2012年晋升为国家级自然保护区，以保护位于嫩江源头区由沼泽湿地、河流湿地、湖泊湿地等组成的典型的沼泽湿地生态系统为主要目标。保护区的建立对维护国家区域生态安全、提供湿地生物多样性保护、发挥水源涵养作用等方面具有重大意义。

目前，保护区已进行了勘界、立碑、建立保护管理站，卓有成效地开展了森林防火、森林资源管护、候鸟监测、疫源疫病监测、生态旅游等工作。相信在保护区管理局与当地民众齐心协力下，可以守护好北国的绿色屏障，彰显保护区在新时代生态建设中生力军和桥头堡的作用，谱写多布库尔国家级自然保护区高质量发展的新篇章。

西塞山前白鹭飞，桃花流水鳜鱼肥
——生物的家园

如果把中国版图比作英姿勃发的雄鸡，三江湿地就是它长鸣的吻喙；如果把黑龙江政区图比作振翅翩飞的天鹅，三江湿地就是它俏丽的尾羽。

鬼斧神工，底蕴深厚

三江湿地地处黑龙江及乌苏里江交汇处，位于黑龙江省佳木斯市抚远市和同江市境内，地理坐标为东经134°36′12″～134°4′38″，北纬47°44′40″～48°8′20″，总面积19.81万公顷，其中，核心区6.6万公顷，缓冲区约3万公顷，实验区10.4万公顷。境内大小河流50多条，湖泡200多个，江心岛26个，沼泽遍地，野生动植物资源十分丰富，曾被《中国国家地理》评为"中国最美湿地"第三名，是我国东北部面积最大、原始风貌最典型的低地高寒湿地，也是东北亚鸟类迁徙的重要通道、停歇地和繁衍栖息地。三江湿地属低冲积平原沼泽湿地，为三江平原东端受人为干扰最小的湿地生态系统的典型代表，也是全球少见淡水沼泽湿地之一，以沼泽湿地为主要保护对象成立了三江自然保护区。

三江平原新构造运动以下沉为主，地势低平，土质黏重，气候温凉，冻土发育，夏秋多雨，蒸发较弱，排水不畅。除黑龙江、松花江和乌苏里江外，有些河流发源于完达山或小兴安岭而穿行于平原沼泽之中，而有些河流则发源于沼泽洼地又流经于沼泽之中。这些中、小型河流多无明显河槽，属典型的沼泽性河流，泄水能力低。由于洪水顶托，提高了这些河流的承泄水位，使两岸低平地排水更为困难，盆地地形减弱或阻止地表水向下运行，促进了沼泽的形成和发展。

碧波荡漾，鱼贯而行

鱼翔浅底，万类霜天竞自由，湿地江水纯净、无污染，鱼类资源十分丰富，有近百种之多，"三花五罗十八子"就是这里名闻天下的特产，其中，最为名贵的有施氏鲟、达氏鳇、大马哈鱼等鱼种。

"三花"是：鳌花、鳊花、鲒花。鳌花，翘嘴鳜，又称鳜鱼，体肥肉厚，高而侧扁，口大，端位，口裂略倾斜，上颌骨延伸至眼后缘，下颌稍突出，上、下颌前部的小齿扩大呈犬齿状，眼上侧位，前鳃盖骨后缘具4～5枚棘，鳃盖骨后部有2个扁平的棘，圆鳞细小，背鳍长，体背黄绿色，腹部黄白色，体两侧有大小不规则的褐色条纹和斑块，肉食性鱼类。唐代诗人张志和有《渔歌子》，"西塞山前白鹭飞，桃花流水鳜鱼肥。青箬笠，绿蓑衣，斜风细雨不须归"，千古流传。宋代杨万里的舟中买双鳜鱼，"金陵城中无纤鳞，一鱼往往重六钧"也脍炙人口。鳊花，学名长春鳊，头小呈圆形，身体侧扁，上下颌前缘具角质突起，体背部深青灰色，其他部分银白色，背鳍具硬刺，臀鳍延长；在静水

三江湿地（管强/摄）

或流水中都能生长，栖息淡水中下层，草食性鱼类；生殖季节到流水场所产卵，卵飘浮性。鳌花，椭圆形，体长，体侧和背部青褐色，腹部白色，体侧中轴有数量不等的黑斑，鳞色银白，体形肥大，颜色光鲜，生活在水体的中下层，喜底栖钻洞，常聚居或出没于沿岸长有青苔的石缝、木桩等障碍物附近，性温顺，对水流较敏感，偏肉食性鱼类。鳊花和鳌花肥而不腻，是上等的食用鱼类。

"五罗"是：哲罗、法罗、雅罗、胡罗、铜罗。前两罗是大型鱼，后三罗是小型鱼。五罗的第一罗是哲罗，即哲罗鲑，体延长，略侧扁，头部平扁，口端位，口裂大，具齿且锐；鳞细小，侧线完全；体背为青褐色，体侧和腹部银白色，哲罗是冷水鲑鱼中的大型肉食鱼，世界稀有冷水鱼种之一。法罗，即中国鲂，又名三角鲂，体高，略呈菱形，三角鲂体长130～367毫米，体侧扁而高，略呈长菱形，腹部圆，是中国特有鱼类。雅罗，即瓦氏雅罗鱼，体侧扁，较高，腹部圆，无腹棱，背部微隆起；多数种类幼鱼以浮游动物为食，成鱼以底栖水生昆虫或底栖无脊椎动物为主食，有时也吃小鱼、陆生昆虫或藻类。胡罗，即黑龙江鳑鲏，又称葫芦子鱼，它们的生殖过程非常奇特。每年的五月前后，是葫芦子鱼的生殖季节，葫芦子鱼都披上婚姻色，特别是雄性葫芦子，全身五颜六色，鲜艳无比。它们一雌一雄，雄在前，雌在后，形影不离。铜罗，即白吻梭鲈，体侧和腹部淡白色，背青灰色，成鱼有12～13条褐色横斑。铜罗非黑龙江原生鱼种，乃是在20世纪中叶由中亚引进黑龙江水系放流，从而定居在黑龙江下游、乌苏里江和兴凯湖成为陆封性物种。铜罗具有明显季节洄游习性，并有奇妙的发声能力。

"十八子"就复杂了，大小都有，小的可以是寸把两寸长、半两三钱重①的小不点。"十八子"并不逊于"三花五罗"，如岛子（学名翘嘴鲌）、牛尾巴子（学名乌苏里鮠）和七粒浮子（学名施氏鲟）等，也是鱼之珍者。"十八子"并不止"十八"这个数，只是形容其多而已。

三江湿地鱼类共计9目17科56属77种，占黑龙江省鱼类总物种数的73％。其中，国家二级保护野生鱼类有施氏鲟、达氏鳇2种，主要经济鱼类25种。按鱼类来源划分，2种洄游鱼类——日本七鳃鳗和大麻哈鱼；1种人工移殖鱼类——鲢鱼；从俄罗斯上溯2种鱼类——河鲈和梭鲈；自然土著鱼类有72种。

---

① 1寸＝33/1厘米；1丽＝50克；1钱＝5克。以下同。

"湿"情画意，地灵人杰

三江平原经过50余年的开发建设，特别是20世纪80年代中期以后的开发，使湿地面积锐减，湿地功能下降，水质受到污染，生物多样性遭到破坏，以风蚀为主的水土流失日益加剧。对策是加大湿地的保护力度，实施水质改善工程，加强湿地监测网络建设和基础设施及管理队伍建设，注重国际交流和广泛的宣传教育。历经数年，区内基本遏制了乱开滥垦、乱砍滥伐、乱捕滥猎的不法行为，湿地得到了明显恢复和保存，生物的多样性更加显现。对三江平原湿地资源进行有效地保护、恢复和可持续利用，既是保护湿地生态系统和生物多样性、改善黑龙江省及东北亚生态环境、建设生态农业实现社会经济可持续发展的需要，也是履行有关国际公约和政府间双边协定的需求。

凭栏远望，湿地旷野无边，似曾相识、潮卷浪翻的绿色在水流的琴音里铺向远方。垂荫覆水的青柳，葱茏的水草、野花，装点分割着一片片水域。水岸蝴蝶纷飞，群鹭翱翔，天鹅起舞，一只远行的小船，载一船夕辉，飘然而去。挽一帘花香萦绕的思绪，安静温暖地停留、眺望，好想用这短暂的相守，寄语三江湿地的静美。一片原始生态的三江湿地景观，在初夏的天高云淡里，用神奇、薄大、温婉和苍碧，奏响了这片美丽旷野的绝唱。亦想在三江湿地的水湄之上，荡一叶轻舟，漾一湾清泓，用一颗唯美的心灵，赏读纷飞的蝶语，承载鱼儿的痴缠。用一怀婉约，将旷野诗情，吟成满地的诗篇。

科克苏湿地

西塞山前白鹭飞，桃花流水鳜鱼肥
——生物的家园

新疆阿勒泰科克苏湿地坐落于祖国的边陲，有着丰富的水资源、风力资源、光资源、热资源、矿产资源（金矿）、旅游资源等。

匠心独运，巧夺天工

新疆阿勒泰科克苏湿地自然保护区位于新疆北部，阿勒泰市西南部荒漠平原区，地理位置介于北纬47°28′31″～47°40′9″，东经87°9′12″～87°34′59″，处于阿尔泰山前荒漠平原区，区内整体地势平坦，平均海拔490米，是阿勒泰市最低凹区，总面积30667平方千米。沼泽区一般多由河谷改道或低洼地段蓄水形成，多为草甸沼泽区，当地下水水位下降时，则为盐化草甸地貌，局部为风蚀河丘地貌。

保护区内基本植被类型以荒漠灌丛为主，植被繁茂，既有种类丰富多样的天然河谷林，又有五光十色的草甸与草原；水草丰美，既有优质的湖沼淡水，又有繁茂的沼泽植被，从而为野生动物的栖息与繁衍提供了良好的场所。野生动植物资源相当丰富，有着"中国的杨

119

科克苏湿地（阿勒泰科克苏湿地国家级自然保护区/提供）

树基因库"之称。区内分布有野生动物254种，其中，鱼类5目8科22种，两栖动物1目1科1种，爬行动物1目3科12种，鸟类14目36科183种，哺乳动物6目13科36种。

湿地内丰富的淡水鱼类还为涉禽提供了丰富的食物来源，冷水鱼是科克苏湿地的典型代表。其中，鲤科9种，占40.9%，鲑科、鲈科各3种，分别占13.6%，鲟科、鳅科各2种，分别占9.1%，鮈鱼科、狗鱼科、鳕科各1种，分别占4.5%。细鳞鲑（Brachymystax lenok）属于国家二级保护野生鱼类，还有小体鲟（Acipenser ruthenus）、西伯利亚鲟（Acipenser baeri）、丁鱥鱼（Tinca tinca）、哲罗鲑（Hucho taimen）、北极茴（Thymallus arcticus arcticus）、长颌白鲑（Stenodusus leucichthys）、白斑狗鱼（*Esox lucius*）等珍贵鱼类。

山高水长，戈壁翡翠

新中国成立初期科克苏隶属于第四区的阿拉哈克乡和苛苛苏乡；1958年人民公社制期间，划归盐池人民公社、盐池公私合营牧场、克木齐公私合营牧场和切尔克齐公私合营牧场；1984年；实行社改乡，建成沿用至今的阿拉哈克乡、喀拉希力克乡、萨尔胡松乡、切木尔切克乡。2001年，新疆维吾尔自治区人民政府批准成立了"新疆科克苏自治区级自然保护区"，保护区总面积30667平方千米，同时成立了专门的管理机构——新疆阿勒泰科克苏湿地自然保护区管理站，隶属阿勒泰市林业局，属副科级事业单位。2008年，新疆阿勒泰科克苏湿地自然保护区管理站规格调整为正科级事业单位，其他性质不变。2012年，管理站更名为管理局（正科级），下设3个股级室，即办公室、湿地监测室和湿地科研室。2017年7月4日，晋升为国家级自然保护区，总面积30667平方千米，以有效保护科克苏湿地生态系统极其丰富的生物多样性。

作为连接欧亚大陆生物廊道的关键重要区段、众多鸟类迁徙旅行的停歇地和中继站、戈壁荒漠中少有的生物多样性富集区、额尔齐斯河流域水文水质调控的关键点、生态脆弱荒漠平原区的生态屏障，科克苏湿地自然保护区在全国范围内乃至国际上都显得十分珍贵。

莺飞草长，旖旎风光

人类活动以及气候变化影响着科克苏湿地的生态环

西塞山前白鹭飞，桃花流水鳜鱼肥
——生物的家园

121

科克苏湿地（张国强/摄）

境。受持续干旱、人工采伐芦苇、超载放牧、水利工程的兴建、开荒造田以及对野生动植物的乱捕滥挖等人类活动因素影响，科克苏湿地生态环境遭到严重破坏，部分珍稀动植物濒临灭绝，其中包括生长在湿地中的盐桦、额河蓼、雪白睡莲和阿勒泰菱角等植物。鸟类和鱼类的数量也在持续下降。加之克兰河上游水量减少，科克苏湿地汛期淹灌草场减少，造成部分湿地萎缩，生态环境出现不同程度恶化。同时，由于乱滥捕现象严重，渔政管理工作难以跟上，渔业水域污染，渔业生态环境破坏严重，一些珍稀特有的土著鱼类或已经消失，或处于极度濒危状态。鉴于此，保护湿地特有经济鱼类资源是摆在面前的一项严峻任务，也是一项功在当代、利在千秋的事业。阿勒泰地区政府对野生鱼类资源保护的重视度不断增加，积极探索该地区野生鱼类的可持续性经济发展。

近些年，通过结合国家湿地保护项目，阿勒泰地区政府组织开展了湿地资源调查工作。同时，积极争取湿地补

科克苏湿地（文波龙/摄）

偿资金和援疆资金开展湿地保护。借鉴中国科学院东北地理研究所建立的湿地稻、苇、鱼复合生态系统，开发"一育三养"立体生态养殖，使苇湖的资源由单一利用向综合利用转化，实现有限资源合理利用与循环利用。通过这些积极措施，科克苏湿地功能得到了最大发挥，在物质供给、气候调节、调蓄洪水、净化水质等方面也体现出多样的生态功能。

西塞山前白鹭飞，桃花流水鳜鱼肥
——生物的家园

七星河湿地

　　湛蓝的天空与清澈的湖水连成一片，风吹过水面，波光粼粼。各种野生的鱼儿及白鹭、苍鹭、红嘴鸥等珍稀鸟类都在这里栖息。河流纵横，滩水浩渺，鱼翔浅底，水鸟翻飞，碧草连天，俨然一派世外桃源景象。这就是七星河国家级自然保护区。

　　保护区位于黑龙江省宝清县北部，地处三江平原腹地、七星河下游。北与富锦、友谊县相邻，东南与五七九国营农场接壤，沿七星河南岸自西向东分布，是目前世界仅存的三块内陆水域生态系统之一，也是目前保存较好的原始湿地。其建立目的就是保护湿地生态系统及珍稀水禽，保护、恢复及发展生物多样性。

典型的漫滩湿地

　　保护区地质构造属同江内陆凹陷的一部分，目前沉降运动仍在继续进行，大面积沼泽的形成与沉降运动有关。保护区距七星河与挠力河汇合处仅25千米，地势低洼，河槽狭窄，海拔60米，西高东低，为典型的低平原河谷漫滩湿地。由于河谷两岸低平地势，洪水期上游来水

七星河湿地（崔庚/摄）

造成大面积漫滩滞水，区内水面一望无际，泡沼连片。七星河作为保护区内的典型河流，河道弯曲，排水不畅，在春雪融化和夏季多雨的时候，河流泛滥，河漫滩普遍积水，形成了大面积沼泽。而在枯水期，降水的减少使得岸边裸露，甚至对河道进行反哺，此时漫滩湿地经历低水期。

由于对水量的高度依赖，使得漫滩湿地水文过程具有一定的脆弱性，尤其在面临人类活动干扰时，农田灌溉、水坝修建等影响河流水量的活动都将改变湿地的水文过程。保护区的湿地没有经历三江平原农业活动破坏，是极其宝贵的，尤其是芦苇沼泽，它是三江平原唯一的大面积芦苇沼泽，具有高度代表性。

苇荡连天碧
保护区属长白山植物区系，但由于受其他区系成分的影响和渗透，形成了多区系成分交叠混杂现象。该区域植物种类虽然不多，但区系成分较为复杂和独特，从而丰富了植物区系地理成分。区内共有维管植物62科174属386种，占黑龙江植物总数的21.44%、三江平原植物总数的40%。经济植物较为丰富，如毛百合、败酱、级草、龙胆、独活等药用植物，小叶章、芦苇、五脉出、嚣豆等饲用植物，毛水苏、沼柳等蜜源植物，以及油脂类、中草药类、芳香油类和观赏植物等。国家珍稀濒危保护植物在保护区内亦有分布，如野大豆。

"两草一水七分苇"，芦苇是七星河最主要的植被。1992年成立宝清县七星河芦苇自然保护区时，主要目的是保护芦苇荡子，由于几十年来未遭到大规模破坏，七星河湿地至今仍保留着与北大荒时期一样的风景。"当年北大荒搞农业开发时，不是没想过开垦这儿。"七星河国家级自然保护区管理局科研科科长崔守斌说："幸好七星河湿地主要是低河漫滩，重沼泽区域连人进去都要穿着水衩子，更别说大型机械了……就这样，这里幸运地被留存了下来。"

保护区内有一条10千米的狭长带，长满了塔头墩子。塔头墩子，学名塔头薹草。可别小瞧它，作用大着哩！塔头墩子的饱和吃水量能达到本身重量的4倍至10倍，旱年释放、涝年吸收，湿地的蓄水、防洪功能主要就体现在这塔头墩子上。

生态恢复引鸟归
漫滩湿地为大多数水鸟提供了生境，为鸟类提供大量

七星河湿地（崔庚/摄）

食物来源，是东北亚鸟类迁徙的重要通道。春季大量的鸟类由南方迁徙到这里，在这里补充能量、繁衍生息。据监测，保护区内有丹顶鹤、白头鹤、东方白鹳等6种国家一级保护野生动物，白琵鹭、白枕鹤、大天鹅等17种国家二级保护野生动物。

　　1998年，七星河湿地晋升为省级自然保护区，2000年被批准为国家级自然保护区，退耕还湿、清理地窝棚的力度不断加大。到目前为止，保护区已累计投入资金800多万元，退耕15218亩，已实现核心区内无任何耕地，杜绝人为活动干扰，缓冲区和实验区内的少部分耕地也正通过补偿、置换等方式逐步退出。为使退耕地和原始湿地植被逐步融为一体，2015年起，保护区管理局连续两年投入40余万元进行了以芦苇、小叶章和挺水蒲草为主的湿地植被恢复试点工作。目前，已恢复湿地植被面积达5.2公顷。逐步好转的生态环境，引来了更多鸟儿。据统计，作为东亚候鸟迁徙的重要通道，这里每年有大约11.5万只候鸟停歇、筑巢、繁衍生

西塞山前白鹭飞，桃花流水鳜鱼肥
——生物的家园

127

七星河湿地（安雨/摄）

息。此外，鹬类、鸥类的幼鸟数量，也以每年千余只数量
递增。

　　每年随着天气转暖，七星河国家级自然保护区就会迎
来大批候鸟回归。半湖碧水半湖冰，蓝天白云芦苇丛。丹
顶鹤引颈长鸣，白额雁翱翔长空，大天鹅翩翩起舞、嬉戏
觅食……七星河湿地犹如一幅美不胜收的油画，处处洋溢
着勃勃生机。

东方红湿地

西塞山前白鹭飞，桃花流水鳜鱼肥
——生物的家园

如果说美丽的黑龙江省是中国这只"雄鸡"的鸡冠，那么东方红湿地就是鸡冠上的明珠。东方红湿地国家级自然保护区是集生态保护、科研监测、科学研究、资源管理、生态旅游和生物多样性保护多功能于一体的自然保护区。

乌苏里江畔的璀璨明珠

如果你在空中俯瞰这片九曲十八弯的绿洲，会如同置身于呼伦贝尔草原上的莫日格勒河。其实这里是位于黑龙江省虎林市完达山东缘、乌苏里江西畔、东方红林业局所属的大塔山林场施业区内的东方红湿地国家级自然保护区。东方红湿地，名字够响亮吧？十万名转业官兵缔造了不朽的北大荒精神，王震将军亲自将这里命名"东方红"。

黑龙江省拥有全国最大的湿地群，全省天然湿地总面积5.5万多平方千米，占全国湿地总面积的1/8。黑龙江的湿地，大得让你看不到远方，美得让你流连忘返。东方红湿地就是这么一个地方——人稀、地大、景美。保护区自然资源丰富，在三江平原沼泽中具有独特之处，被国际湿地专家评价为"世界上最原始、最具观赏性和最具复合性的湿地"，其为依赖湿地生存的多种生物提供了生长、栖息、繁殖及迁徙停歇的优良环境。

多种多样的生物

作为天然的基因库，保护区的保护对象为分布于区内所有的野生动植物和水生生物及其生境。

湿地是保护区的主题，主要包括河流湿地、洪泛平原湿地、湖泊湿地、草本沼泽湿地、森林湿地和灌丛沼泽湿地6种湿地类型。湿地总面积达28653公顷，以洪泛平原沼泽湿地和草本沼泽湿地为主。

保护区内除6种类型湿地外，还拥有大面积的针阔混交林和落叶阔叶林。全区共有植物849种，其中，地衣植物46种、苔藓植物101种、蕨类植物28种、种子植物674种、真菌380种。多样的生境类型为许多珍稀野生动物提供了良好的隐蔽场所和丰富的食物资源。这里生存的脊椎动物有342种，其中，鱼类68种、两栖类7种、爬行类7种、鸟类216种、兽类44种，另有昆虫421种、土壤动物59种。其中，国家一级保护野生动物有东方白鹳、丹顶鹤、紫貂、金雕等7种；国家二级保护野生动物有鸳鸯、花尾榛鸡、白枕鹤、马鹿等36种。此外，保护区内还有国家重要的蜂产品基地和黑蜂保护区，年产蜂产品101千克以上，尤以椴树蜜驰名中外。

旅游资源丰富

神顶峰位于东方红湿地东北方向的完达山群山之中，

是完达山最高峰。这里峰峦奇妙，景色绚丽多姿，一年四季，季季有景，风景宜人。春季群山吐绿，百花争艳；夏季鸟语花香，山野青青；秋季漫山红叶，层林尽染；冬季白雪皑皑，山舞银蛇，是理想的旅游胜地。日出、松涛、云海是神顶峰景观的"三绝"。神顶峰山势险峻，登山远望，重峦叠嶂直接天边，是我国最早见到日出的地方。每年夏至，凌晨两点半就能见到太阳，是一年中看到日出最早的一天。日出之际，群山脚下，天边瞬间色彩变幻无穷，太阳像巨轮喷薄而出，顷刻间大地披上霞光，万物苏醒，十分壮观。

东方红湿地中的月牙湖位于虎林市东北方，月牙湖形似一弯钩月，因此得名，湖东侧有一条缓缓的细流与乌苏里江紧紧相连。月牙湖湖心区则像一轮满月，占地3万余亩。湖心区的植被由岛状层次林和小叶章、莎草等草类构成。一层草一层林呈放射状生长，极富韵律。月牙湖荷花堪称塞外一绝，盛夏季节，满湖荷花妩媚旖旎，千姿百态，竞相开放，给月牙湖带来了无限的生机与活力。

（执笔人：张明祥、武海涛、王玉玉、张振明、

张文广、文波龙）

西塞山前白鹭飞，桃花流水鳜鱼肥

——生物的家园

（文波龙/摄）

　　沼泽湿地自身结构的特殊性使其具有增加湿度、降低温度的冷湿气候效应，可以使周围区域相对温和湿润。被誉为华北地区"空调器""晴雨表"的白洋淀、具有"候鸟天堂"美誉的天津北大港湿地、位于中国冷极的大兴安岭汗马湿地，是"物质转换器"与"气候调节器"。

山重水复疑无路，柳暗花明又一村
——物质的转换与气候的调节

白
洋
淀

　　"每年芦花飘飞苇叶黄的时候，全淀的芦苇收割，垛起垛来，在白洋淀周围的广场上，就成了一条苇子的长城。"白洋淀不仅风景秀丽，更是见证了无数英雄事迹。

白洋大湖浪拍天，苍茫万顷无高田——白洋淀

　　白洋淀湿地是华北地区最大的内陆淡水湖，被誉为"华北明珠""华北之肾"，具有缓洪滞沥、蓄水兴利、调节气候、保护生物多样性、维护水体自然净化能力、生态旅游等多种生态功能，对维持华北地区生态平衡、生物多样性起到重要作用。

百折千回叙今昔——白洋淀的古往今来

　　白洋淀是属于海河流域大清河南支水系的湖泊，是保定市、沧州市交界处143个相互联系的大小淀泊的总称，总面积366平方千米，平均年份蓄水量13.2亿立方米，是河北省最大的湖泊。白洋淀位于太行山前的永定河和滹沱河冲积扇交汇处的扇缘洼地上，其地形地貌是由海而湖、由湖而陆的反复演变而形成的，现在的水区是古白洋

淀仅存的一部分，上游九河、潴龙河、孝义河、唐河、府河、漕河、萍河、杨村河、瀑河及白沟引河，下通津门的水乡泽国，史称"西淀"。到明弘治时期（公元1488年）之前这里已淤为平地，"地可耕而食，中央为牧马场"，因此也有"雍奴泽"之称。正德十二年（公元1517年），杨村河决口这里始成泽国，形成九河入淀之势。此后，人们看到淀水"汪洋浩渺，势连天际"，故改称白洋淀。

在我国湖泊有许多不同的名字，最常见的名字就是"湖"，比如，鄱阳湖；而在青藏地区，当地的湖泊都叫"错"；在内蒙古和东北地区，当地的湖泊被称为"泡子"或"淖尔"；而白洋淀的"淀"则是指比较浅的湖泊，有时也叫作"荡"。白洋淀湖泊群的平均水深3.6米左右，而洞庭湖平均水深6.7米，最深处30.8米。

白洋淀曾经是战国时期燕赵边界，也是宋朝时的宋辽边界，民国以前则是沟通保定、天津之间的重要航道。湖区的传统产业是渔业及芦苇产业，20世纪后，随着中国国内旅游业的兴起，这里逐渐成为旅游胜地，并于2007年被评定为中国AAAAA级旅游景区。2017年以前，白洋淀由河北省保定市及沧州市共辖，2017年4月1日，中共中央国务院决定在雄县、安新县、容城县设立河北雄安新区。至此，白洋淀大部为雄安新区所辖，成为雄安新区发展的重要生态水体。

白洋淀的水域构造独特。它既异于中国南方的内陆湖泊，又不同于北方的人工水库，它不是连在一起的一片水域，而是由多条河流将各个淀泊串联在一起，从而形成各个淀泊既相互分割又相互联系的布局。白洋淀内有村落，有田野，有3700多条沟壕和8000公顷苇田，将整个淀

山重水复疑无路，柳暗花明又一村
——物质的转换与气候的调节

区分割成一个个大小不等的淀泊，形成淀中有淀、田园交错、沟壕纵横相连、水域辽阔的特有自然景观。白洋淀水域辽阔，水质良好，物产丰富，鲫鱼、鲤鱼、鲶鱼、青虾、河蟹等水产远近驰名，莲、藕、菱、芡更是久负盛名。古往今来，文人墨客也在白洋淀留下了大量的诗文，其中，著名作家孙犁的《白洋淀纪事》，奠定了新中国文坛"荷花淀"流派的基础。《新儿女英雄传》《小兵张嘎》《雁翎队》等优秀文艺作品，更给白洋淀染上了浓郁的文化氛围和传奇色彩。

白洋淀"川埑渎沟，葭苇丛蔽，兵法谓泉土纵横，天半之地"，自古为"百战之场"，历来为兵家必争之地。在中国现代革命史上，白洋淀也占有重要的一席之位。白洋淀地区流传着许多有关"雁翎队"脍炙人口的故事。抗日战争时期，活跃在白洋淀的水上游击队——雁翎队，利用有利的地形，驾小舟出入芦苇荡中，神出鬼没，声东击西，辗转茫茫河淀上，沉重地打击了日本侵略者，谱写出一曲曲白洋淀人民抗日救国的凯歌，"雁翎队"也因此闻名中外。在安新县城建有"雁翎队纪念馆"，展示着当年雁翎队的游击队员们机智勇敢地与日本侵略者斗争的实物和文字解说。

贪心未足玉蒙尘——白洋淀的生境恶化

近年来，由于自然和经济条件的限制，流域内经济高速发展和人口的增加，加之对水资源的不合理开发和利用，致使白洋淀频繁干淀、污染物负荷迅速增大，成为上游污染物的"汇"，水体受到不同程度的污染，从而导致了富营养化的产生。严重的水污染现状使当地的渔业、种植业、畜牧业、旅游业、工业等都受到不同程度的损失。

近年来，气候干旱加上上游水库截淀泊水源，白洋淀湖群水位持续下降，面积较之前缩小了60%以上，蓄水量不足，仅占20世纪60年代的1/10。并且，白洋淀水污染不断加重，水质恶化，水环境安全岌岌可危，已经成为制约白洋淀周边经济、社会、自然协调发展的关键问题。白洋淀水环境承载力受到严峻挑战，主要包括水环境污染和水质营养化程度的提高。淀体的污化和营养化主要原因归结为近代经济的迅速发展，工业化程度高。而且，对白洋淀湖群开发的力度加强，人口的迅猛发展，加重了水环境的负担。沿岸居民向淀内注入大量污水，主要是工业和生活废水。据白洋淀污染科研协作组调查，保定市的玻璃厂、造纸厂、农药厂、化工厂等企业接连不断地向白洋淀中排放污水，1962年排放污水1570万立方米，1975年为5840万立方米，1980年为9180万立方米，1984年达1亿吨以上。且污染水源排放逐年攀升。淀边百姓基本靠淀生计，然而，污染水流入淀，水中生物赖以生存的环境受到严重破坏，造成鱼、虾产量大大下降，种类不断减少，影响着白洋淀流域经济持续、健康的发展。白洋淀湖淀较为封闭，白洋淀区于第四纪形成后由于水文气候变化，海陆交替，人类活动等近万年来时而扩张，时而收缩，但1950年年初到2010年白洋淀面积由567.6平方千米缩小到366平方千米，淀体不断收缩，水量减少，水位降低，蒸发加剧，污染物只见河流的注入，不见排出；污染加剧，水中生物大量死亡，腐败分化，增加了水体碳、磷等化学物质，导致藻类繁生，与水体其他生物争夺水体空间和氧气，水环境营养化程度升高。水质与水量成正相关的联系，水量丰富，水质较好，水体交换频繁，水体环境得到一定改善。白洋淀湖群水量的减少，水资源的缺乏，对白洋淀水环境承载力来说是严重的威胁。

20世纪90年代白洋淀地域耕地、建筑用地的增加，降水量的减少，蒸发量的增加，水域面积逐渐萎缩，水域面积的减少对于芦苇造成的直接影响就是苇地面积的减少。

137

亡羊补牢时未晚——白洋淀的保护恢复

为维护白洋淀生态系统的完整性和自然过程，保护野生动植物的栖息地，河北省政府于2002年10月成立了白洋淀湿地自然保护区。20世纪80年代以来，为维护白洋淀湿地生态系统的完整性，保证其生态功能的充分发挥，省水利厅和保定市政府曾实施过多次从上游水库调水补淀的措施，有效缓解了干淀危机。这些措施不仅改善了白洋淀的水质，而且对维护白洋淀生态，遏制生态退化起到了良好作用，对白洋淀生物多样性的保护具有重要意义。

据记载，白洋淀在20年间曾经历了6次干涸。1983—1988年曾出现连续5年的干淀。直到1988年的一场大型降雨，才使白洋淀得以重新蓄水。20世纪90年代以后，通过人工调控白洋淀的水量，较好地解决了干淀问题。根据2014—2017年河北省环保厅发布的《生态环境状况公报》，白洋淀的主要水污染物已经从化学需氧量和高锰酸盐指数，变为化学需氧量和总磷。经过多年治理，2018年白洋淀水质与2017年相比改善效果明显。

随着海河治理工程的建设完成，入淀河系已发生变化：新盖房水利枢纽工程的兴建和白沟引河的开挖，使原来不入淀的大清河北支也经由此入淀；唐河新道的建成，切断了金线河与清水河的入淀通道；府河清污分流，清水入淀，污水排入唐河污水库。孝义河、萍河属于平原河流，常年干枯断流。因此，白洋淀实际只有9条河流入淀，分别是潴龙河、孝义河、唐河、清水河、瀑河、府河、萍河、潴河、白沟引河。

2016年，安新县协调省、市水利部门，对白洋淀实施3次生态补水，核心区域水位年均保持在7.6米（天津大沽高程）左右，保持了白洋淀生态水位，对维持白洋淀生态系统和农、牧、渔、旅游业发展起到重要作用。同时，投资实施白洋淀生态环境保护湖泊试点项目，完成污水综合净化等工程。

2017年，河北雄安新区设立，白洋淀也由此迎来有史以来最大规模的系统性生态治理。2018年4月，《中共中央　国务院关于对〈河北雄安新区规划纲要〉的批复》中提出："加强白洋淀生态环境治理和保护，同步加大上游地区环境综合整治力度，逐步恢复白洋淀'华北之肾'功能。"河北省委、省政府随后印发的《白洋淀生态环境治理和保护规划（2018—2035年）》，明确以水面恢复、水质达标、生态修复为目标，提出白洋淀生态用水保障、流域综合治理、淀区生态修复、保护与利用等方面的要求和举措。

经过短短几年治理，白洋淀水质持续改善，"华北之肾"功能加快恢复。如今，白洋淀生态环境治理和水质发生历史性变化。中国环境监测总站发布的数据显示，2021年白洋淀淀区整体水质为Ⅲ类。至此，白洋淀水质从2017年的劣Ⅴ类全面提升至Ⅲ类，进入全国良好湖泊行列。

山重水复疑无路，柳暗花明又一村
——物质的转换与气候的调节

渤海湾畔水鸟栖，万亩鱼塘水波荡

辽阔的水面，一眼望不到尽头，在阳光的照耀下，波光粼粼，水天一色，令人心旷神怡，候鸟们时而停歇、时而嬉戏，一派生机盎然的景象，不愧为"候鸟天堂"。这里是天津市北大港湿地，位于渤海之滨，与海相伴，与水相生，为海积、湖积平原，由海岸和退海岸成陆的低平淤泥组成，因此形成了以河砾黏土为主的盐碱地貌。

湿地源起

渤海湾畔，北大港湿地斜卧在她的软榻上，凝眸这片土地的沧桑巨变、斗转星移。她见过泛舟水上，捕鱼为生的闲适；也见过油井伫立，黑浪滚滚的进取；她见过百万候鸟的迁徙；也聆听过秋毫之虫的细语。她以母亲的姿态迎接万物生灵，如明眸，似碧玉，静卧在天津滨海新区东南隅，以缄默的姿态伴历史流淌。

北大港的历史要追溯到很多年前。蒋子龙的《大港之"大"》中有这样的一段阐述："在距今五六千年的一次大的海退之后，天津一带逐渐上升成陆。在漫长的成陆过程中，古黄河下游多次改道，从大港这一带入海，同时滹沱河、子牙河、大清河和漳河也从这入海，泥沙俱下，几经变迁，终于形成了'潴水港泽，苇塘碱滩'的特殊地貌，至隋唐时代，大港马棚口成为以上这些河流的入海口，于是就发展成渤海西岸的重要港口"，这是大港亦是北大港湿地的形成过程。早在2000年出版的《中国湿地保护行动计划》中，北大港湿地就被列入国家级重点湿地名录。2001年12月，北大港湿地自然保护区正式成立。保护区位于天津滨海新区东南部，总面积达442.4平方千米，由北大港水库、钱圈水库、沙井子水库、独流减河下游、李二湾和沿海滩涂和官港湖六个区域组成，是天津面积最大的湿地自然保护区。2008年，随着《天津市北大港湿地自然保护区调整方案》的发布，北大港湿地自然保护区范围调整为北大港水库、钱圈水库、沙井子水库、独流减河下游、李二湾及南侧用地、李二湾河口沿海滩涂。由于位置的特殊性，北大港湿地那时就是候鸟迁徙的重要驿站。

湿地印象

北大港湿地地处天津市滨海新区的东南部。区内生物多样性丰富，生态系统完整，河渠纵横，有马厂减河、兴济减河、独流减河、子牙新河、北排河，还有青静黄排水渠、沧浪渠、兴济夹道排水渠、马圈引河等。这些河流与大港水库、沙井子水库、钱圈水库、官港湖等洼淀，构成了典型的北大港湿地。北大港湿地是具有多类型湿地特征，生态系统保存完整的国家重要生态湿地，湿地总面积为34887公顷，约占大港地区国土面积的1/3，亦是天津市最大的湿地自然保护区，是在原"大港古潟湖湿地区级自然保护区"的基础上，由大港区人民政府扩建并申报的市级自然保护区。

北大港湿地河流纵横交错，坑塘洼淀多，地下潜水丰富。因此，主要有两种类型的湿地，一是天然湿地，即海涂、河流、沼泽和荒草地；另一种类型是人工湿地，即盐田、坑塘、沟渠。在这里，地势低洼平坦，地形单一，由西南向东北微微降低，坡度小于万分之一，其中，多为湖积和海积平原，它的成陆是在浅海环境中由于海积而逐渐形成后，随着退海又接受了潟湖的沉积，因此区内形成了许多星罗棋布的潟湖、碟形洼地和港淀。与此同时，海岸和退海岸成陆的淤泥堆积形成了以砾质黏土为主的盐碱地貌。

区内根据功能又划分为核心区、缓冲区和实验区三部分。其中，北大港水库、沙井子水库、钱圈水库为核心区，独流减河下游、李二湾和沿海滩涂为缓冲区，官港湖为实验区，而核心区域还同时充当着工业生产污染"过滤池"的作用，调节着天津市整个生态系统和地区小气候，是大港生活区和工业区之间的重要生态屏障，还是大港城区与大港油田的天然分界。

大港油田在亿万年前的地壳变迁中孕育了地下丰富的油气资源，也造就了地表北大港湿地多样的自然风貌，水库、河道、滩涂等环境形态共存。在长年累月地践行"绿水青山就是金山银山"发展理念后，这里不再有侵占湿地大肆开发的景象，而是重新规划了开发区，关停了多个环境敏感区油气井，过去的低洼、盐碱水洼、水库等，都早已被纳入湿地保护区。如今大港油区生态环境越来越好，重新置身大港油田，映入眼帘的将是一幅铺展的新时代绿色矿山画卷。当然这也与周边环境整体改善有很大的关系。大港油区生态环境越来越好，距离其不远的地方就是港沙公园，而公园大堤南边就是沙井子水库，就连水洼盐碱滩地，也成了水草丰美之地，不时有大量的水鸟光顾。

金色海浪，红色毛毯

北大港湿地东邻渤海，暖温带湿润大陆型季风气候使这里四季分明，冬夏长，春秋短，冬季寒冷而干燥，夏季炎热而多雨。四时美景不同，却让人心神向往，但最美时节当属秋冬季。每逢深秋，万亩鱼塘水波荡漾，河滩地上芦苇泛着金黄，在微风吹拂下，摇曳起伏，像浪花一般，汇成金色的海洋；赤红的盐地碱蓬连接成片，宛如红色的"长毯"，它们不似盘锦红海滩那般壮阔，却也似朝霞般美妙绝伦，成群结队的"飞羽精灵"或在天空翱翔，或在浅滩觅食，成为滨海新区一道富有生机的亮丽风景线。

北大港湿地曾经经历植被退化，加之部分区域土壤盐碱化程度高，以至多处成为荒地，后来经过不懈的努力，在湿地内的不断种植，最终利用芦苇、盐地碱蓬等本土植物恢复湿地112公顷，如今在北大港湿地独流减河河滩地附近，每年都能看到其态如锦、其焰似火、赤焰炫目的美景。芦苇是挺水植物，具有净化水污染的功能和很强的环境适应性，它能在多种环境中生存，对于温度和土壤的要求都不高，既能在含盐量较高的水中生存，也能在常年积水中正常生长，因此芦苇具有非常强的耐盐、耐涝吸水的能力。同时，芦苇还拥有很强的繁殖能力，生长速度快，能在较短的时间内生长出一片，迅速成型成景。而盐地碱蓬属藜科碱蓬属一年生草本植物，每年3~4月长出地面，5~6月生长季节一片赤红，8~9月加深至紫红色，巨大的红色地毯镶嵌在绿苇、蓝海间，被誉为天下奇观，是我国北方滨海湿地少有的生态旅游资源。盐地碱蓬的耐盐性很高，在含盐量高达3%的潮间带（几乎任何植物都很难生长的条件下）也能稀疏丛生，是一种典型的盐碱指示植物，一般植物不能生存的盐碱地，却是盐地碱蓬生存的"天堂"，高盐给了它最迷人的色彩，这正是大自然的神奇造化。经历涅槃，化身火焰的盐地碱蓬在生长末季依然显示了旺盛的生机和活力。正是这两种植物，造就了深秋中北大港湿地的"金色海浪，红色毛毯"。

山重水复疑无路，柳暗花明又一村
——物质的转换与气候的调节

据了解，北大港湿地不断加大湿地保护修复力度，治理外来有害生物互花米草，开展芦苇复壮，清理水草的工作，为野生动物提供良好的栖息和觅食环境。据统计，北大港湿地有43科113属150余种（不包括人工栽培种）。其中，乔木、灌木、草本分别占保护区植物总种数的5.23%、5.88%和88.89%，因此，草本植物是区内植物物种的主要组成成分。除优势群落芦苇、盐地碱蓬和芦苇—碱蓬混生群落外，还有芦苇—香蒲群落，水稗子群落，碱蓬—角碱蓬群落，柽柳群落，水葱群落，苦草—马来眼子菜群落，狐尾藻、金鱼藻、黑藻群落等多种挺水、沉水植物群落的分布，在保护区周围及坝堤上还有零散的人工乔木，以榆、槐等为主。另外，区内存在浮游植物8门80属，其中，硅藻门为最优势群落（25.97%），共20属，绿藻门19属，蓝藻门12属，甲藻门9属，裸藻门

天津北大港湿地的遗鸥（徐永春/摄）

1属，金藻门、黄藻门种类数很少，各4属，隐藻门1属。种类繁多。

区内还有两栖纲、爬行纲、哺乳纲等野生动物20多种，其中，两栖纲5种、爬行纲8种、哺乳纲动物13种。软体、甲壳、多毛类动物270余种。鱼类10目17科38种，其中，鲤形目种类最多，20种，其次为鲈形目8种，最常见的是青鱼、草鱼、白鲢、鲫鱼、梭鱼、鲈鱼、鲶鱼、白条、鲤鱼、泥鳅、黄鳝等。昆虫6目80余种。浮游动物13种。这无不体现了北大港湿地生物的多样性和生态系统的完整性。

候鸟天堂

鸟类的选择是对自然的赞美，从始至今北大港湿地都备受关注，因为其是世界八大重要候鸟迁徙通道之一：东亚－澳大利西亚候鸟迁徙路线上的关键枢纽、重要驿站。作为"营养物质的转换器"，北大港湿地孕育着多种多样的底栖生物、鱼类、水生或湿生植物等野生动植物，为鸟类提供了丰富的食源，成为候鸟尤其是水禽最理想的栖息地，它们途经时在这里停歇、栖息、觅食，以补充迁飞能量。北大港湿地每年春秋两季迁徙鸟类数量可达到数十万只以上，各种鸟类达140余种，其中有国家一级保护野生鸟类6种（东方白鹳、黑鹳、丹顶鹤、白鹤、大鸨、遗鸥），国家二级保护野生鸟类17种（海鸬鹚、大天鹅、小天鹅、疣鼻天鹅、白额雁、灰鹤、白枕鹤、蓑羽鹤、红隼、红脚隼、白腹鹞、白尾鹞、鹊鹞、雀鹰、普通鵟、大鵟、短耳鸮），全部种类能够占到全国鸟类资源的1/3，因而被称为"候鸟天堂"。其中，东方白鹳被世界自然保护

山重水复疑无路，柳暗花明又一村
——物质的转换与气候的调节

联盟列为濒危物种，全世界约存2500只，也是我国一级保护野生动物，在北大港湿地内日观察最大数量达1065只，占全球种群数量的35.5%。每年3月，东方白鹳在俄罗斯东南部和我国东北地区繁殖，9～10月离开繁殖地，成群分批往南迁徙，每年都在北大港湿地停留半个月左右。遗鸥被世界自然保护联盟列为易危物种，是我国一级保护野生动物，在北大港湿地日观察最大数量达9141只，占全球种群数量的76.2%。

春秋季是北大港湿地的迁徙季。从11月开始至12月中下旬，北大港湿地进入到观鸟的最佳季节，每到此时，这里会上演候鸟成群的盛况——一望无际的水面、蜿蜒曲折的芦苇荡、成片紫红色的碱蓬草，加上各种或在水中起舞，或在天空翱翔的鸟儿，宛如一幅美丽的画卷。而湿地的万亩鱼塘，因天鹅最喜欢在此栖息而得名"天鹅湖"，这里是北大港湿地观鸟的最佳点位，在这里能看到珍贵的大天鹅、小天鹅、疣鼻天鹅、丹顶鹤、苍鹭、各种鹬等。这里吸引着全国各地爱鸟人士前来观鸟、拍鸟，迁徙季的每一次变化都是志愿者和爱鸟人士关注的焦点。

作为滨海新区湿地系统的核心和东亚－澳大利西亚候鸟迁徙的重要驿站，最近几年，黑天鹅、丹顶鹤、火烈鸟等"稀客"也相继到访，一次次刷新北大港湿地迁徙候鸟种群的记录。

山重水复疑无路，柳暗花明又一村
——物质的转换与气候的调节

泥炭地是沼泽湿地的一种，也是碳的巨型蓄水池。尽管泥炭地只占地球陆地表面的3%，它们却储存了5500亿吨碳，是全球森林碳储总量的2倍。在地球上，有50%～70%的湿地地下蕴藏着泥炭。泥炭地里的土壤碳占据地球土壤有机碳的1/3，泥炭地里的淡水占全球陆地淡水的1/10，泥炭地是湿地中独一无二的生态系统。

多姿多彩泥炭地

泥炭地与冻土环境条件密切相关，大兴安岭是中国唯一的地带性多年冻土分布区，是泥炭沼泽形成和发育的强盛地带。大兴安岭是中国高纬度地区重要的湿地分布区，具有泥炭地丰富、冻土发育、森林沼泽和藓类沼泽广泛分布等鲜明的特点。大兴安岭山形浑圆、坡度较缓、冰缘地貌发达，形成河流阶地、热融洼地、雪蚀洼地、雪蚀槽谷、宽平谷地和冰锥、冰丘等，河谷宽阔，谷底平坦。这些平坦低洼的地貌是沼泽发育的基础。大兴安岭地区气候属于温带寒温带，年平均气温-5℃～5℃，年降水量300～500毫米。根河、伊勒呼里山以北地区年平均气温可达-5℃以下，最低达-45℃以下，多年冻土发育，面积达80%以上。伊勒呼里山以南、阿尔山以北地区，多年冻土呈岛状。

冷湿的气候不利于植物残体分解，这为泥炭沼泽的形成提供了有利条件。沼泽植被层和下覆泥炭层具有独特的水热性质，隔热保水，使冻土处于稳定或增生状态。冻土的阻水特性则使土壤水入渗困难，造成地表过湿，促进沼泽发育。冻土退化或消失反过来破坏沼泽存在的物质基础，导致沼泽退化或消失。沼泽湿地的多水及其结构的热物理特性，必然对其下伏的冻土产生重要影响，而冻土的融冻过程也对上部的沼泽施加作用。冻土与其上面的沼泽湿地具有一定的共生关系。

大兴安岭地区泥炭地分布具有明显的地理区域性。在

大兴安岭鸟瞰图（陈建伟/摄）

大兴安岭辉河泥炭地（文波龙/摄）

大兴安岭北段比大兴安岭南段多，尤其在伊勒呼里山脉北坡面积大、类型多。沼泽分布广泛，阿木尔河、呼玛河、根河、甘河、南瓮河、诺敏河、甘河、根河、呼玛河、阿木尔河具有较大的沼泽面积。南段的泥炭地主要分布于阿尔山以北伊尔斯林业局管辖的兴安林场，海拔1000米以上的熔岩台地、火山口湖和熔岩堰塞湖乃至山地北坡。由于海拔较高、气候冷湿，加之平坦低洼的玄武岩台地透水性差、排水不良，有多年冻土层发育，形成了各种森林沼泽、草丛沼泽和浅水植物湿地。

大兴安岭不同地区的沼泽类型差异显著。各类沼泽广泛分布在分水岭附近的沟谷和河流滩地。贫营养型兴安落叶松—狭叶杜香—中位泥炭藓沼泽面积大、分布广，如在盘古河上游的12～15支线间的沟谷，呼玛河上游的呼源、呼中和红锋沟谷，老槽上游的槽满，阿木尔河的图强，而且常与中营养型兴安落叶松—油桦—笃斯越橘—藓类沼泽、富营养型兴安落叶松—油桦—薹草沼泽呈带状沿沟谷或河谷有规律的分布。

大兴安岭泥炭地（文波龙/摄）

冻土动态监测器

以大兴安岭为代表的冻土分布区泥炭地集中，也是中国国有林区和湿地碳汇的关键集中分布区，对保障森林和湿地碳汇功能、缓解全球气候变化、实现中国生态文明建设的生态红线保障目标起到重要的后盾作用。在全国加强生态文明建设、国家正式出台湿地保护修复制度方案的大背景下，在阻止人类无序开发破坏和占用湿地的同时，应该高度重视冻土退化和冻土区湿对全球气候变化的适应机制、响应特征、管理策略及宏观调控的研究。

我们在大兴安岭地区开展湿地保护工作时，需要考虑用各种方式对湿地保护进行宣传，同时建立健全一个保护制度。当然，国家的资金调拨和人才培养也是极其重要的部分。

汗马湿地

山重水复疑无路，柳暗花明又一村
——物质的转换与气候的调节

汗马湿地不仅拥有独特的森林生态系统，而且拥有保存完整的湿地生态系统，包括河流湿地、湖泊湿地、沼泽湿地3种类型，共占保护区总面积的42.60%，这一大面积分布的湿地在东亚同纬度地区极为罕见，在发挥涵养水源、调节水文、维持较高的生物多样性、调节区域小气候、作为野生动物栖息地、应对气候变化的影响、碳源和碳汇功能等方面具有重要的意义。

汗马湿地的黑嘴松鸡（冯江/摄）

龙盘虎踞，中国的冷极

内蒙古大兴安岭汗马国家级自然保护区位于大兴安岭西坡北部，呼伦贝尔根河市境内，地理坐标为东经122°23′34″~122°52′46″，北纬51°20′02″~51°49′48″，东与黑龙江省呼中国家级自然保护区相连，南接内蒙古甘河林业局，西与金河林业局接壤，北与阿龙山林业局为界，保护区总面积107348公顷，森林覆盖率88.4%。平均海拔在1000~1300米，最高海拔1455米，最低海拔840米。"汗马"源自鄂温克语，意为"激流河的源头"，激流河是额尔古纳河的重要支流。保护区是全球气候变化背景下多年冻土动态的监视器，纬度高、海拔高、气温低，积雪覆盖时间长达9个月，局部地区积雪常年不化，无霜期短，属于典型的寒温带大陆性气候。这一地区夏季短暂多雨、冬季酷寒漫长，独特的气候条件下发育着多年冻土。保护区孕育着丰富多样的野生动植物资源，是敖鲁古雅使鹿部落温馨的家园。

返璞归真，历史源远流长

1954年初，国家将大兴安岭具有原始森林植貌特色的牛耳河源头——汗马地区设定为"汗马禁猎禁伐区"。1958年，林业部批准的"大兴安岭开发规划总方案"中，将汗马规划为兴安落叶松原始森林生态系统和鸟兽自然保护区。1979年，正式确认汗马呼中为大兴安岭自然保护区，并着手筹建。1996年，经国务院批准，升级为国家级自然保护区。2006年，国家林业局将汗马列为全国51个示范保护区之一。2007年加入了中国人与生物圈保护区网络组织。保护区主要保护对象为寒温带明亮针叶林及栖息于保护区中的野生动物。2015年，被正式指定为"世界生物圈保护区"。2018年被列入《湿地公约》中的《国际重要湿地名录》。保护区于2021年被中国生态学学会批准为"中国生态学学会生态科普教育基地"。

保护区是我国北方针叶林中唯一没有受到人为干扰的原始森林，也是大兴安岭野生动物重要栖息地，野生动物监测和珍稀濒危动物保护、监测与恢复的重要基地，同时也是我国最具价值的"自然课堂"之一。保护区内地质遗迹、自然景观、物种资源极其丰富，有高等植物88科222属468种，有国家一级保护野生动物黑嘴松鸡、紫貂、原麝、貂熊4种；国家二级保护动物小天鹅、鸢、苍鹰、红隼、花尾榛鸡、棕熊、猞猁、马鹿、驼鹿、雪兔等22种。保护区内共有脊椎动物174种，包括鸟类106种、鱼类26种、两栖类6种、爬行类6种和兽类30种。

保护区林相整齐，结构合理，特点突出，保存了完整的原始森林景观，生态系统结构完整，功能健全，能量流动、物质循环和信息传递处于动态平衡状态，保持着生态系统的原始性和完整性。汗马湿地具有涵养水源，保持水土、调节气候等巨大的生态功能。以汗马保护区为典型代表的北方针叶林和大片连续多年冻土区南缘是我国开展全球气候变化研究的重要前沿阵地，也是未来我国全球生态学研究的关键区域。

气候调节器，奏华美乐章

汗马湿地地处多年冻土带南缘，亦是北方针叶林南缘，对气候变化异常敏感，拥有不可估量的科研价值和保护价值。泥炭湿地下蕴藏着巨大碳库，气候变暖下的冻土退化将会释放大量的碳，致使温室气体浓度增高，从而导致大气温度升高，进一步加速冻土融化，形成正反馈效应，严重威胁碳平衡及生态安全。保护区是监测多年冻土动态、制定全球气候变化适应对策的关键地点。泰加林的低洼处常交织着沼泽湿地，沼泽里各种薹草根系不断死亡、腐烂、再生长，周而复始，并和泥炭长年累月凝结，形成高出水面几十厘米的草墩，被称为"塔头"，年岁最长的塔头可追溯至10万年前。塔头沼泽是大兴安岭赐给我们的另一种奇特的湿地类型。

（执笔人：张明祥、武海涛、王玉玉、张振明、

张文广、文波龙）

山重水复疑无路，柳暗花明又一村
——物质的转换与气候的调节

（安雨/摄）

    青藏高原孕育出一片水草丰茂的沼泽湿地，是许多高原珍稀野生动物特别是珍稀鸟类的主要栖息地。高原湿地的起源与发育总是伴随着一丝神秘色彩，高原湿地的雄浑壮美更是引得无数游客向往。在本章中，笔者将向大家介绍高原湿地的起源与分布、生态旅游资源与保护修复。

待到春风潮涌，青山绿水映艳阳
——青藏高原湿地

水陆过渡——沼泽湿地

青藏高原湿地

素有"世界屋脊"美誉的青藏高原，是一片神秘的土地。其壮美的身躯直入蓝天白云，纯洁的高原冰雪，为她雕塑出超凡脱俗的冰肌玉骨。接近4000米的海拔高度，乔木已不能生存，在景观上支撑起生态系统的只有草本植物和小灌木，而由耐寒喜湿的草本植物构成的沼泽，如片片绿毯，铺满谷底，孕育出一派生机。人类和食肉动物以牛、马、羊等为食，牛、马、羊则以草类为食，水草丰茂的沼泽则是其最佳觅食地和栖息地。

青藏高原湿地

由于特殊的地理位置和气候条件，我国的高原湿地资源十分丰富，海拔3000米以上的高原湿地主要分布在西藏和青海，也就是青藏高原地区。青藏高原的气候特点是空气干燥稀薄、气温低而日差较大、太阳辐射比较强，但热量不足、气候干湿季、冷暖季变化分明、区域性差异明显。高原湿地植被群落结构简单，层次分化少，以莎草科草本植物为主。灌木类型主要有寒温性常绿杜鹃灌丛、沙棘杂草灌丛等。此外，还有许多经济价值较高的药用植物，如大黄、黄芪、雪莲、冬虫夏草等。同时，湿地是许多高原珍稀野生动物，特别是许多珍稀鸟类、鱼类和两栖类动物赖以生存的主要环境。

高原湿地的起源

地壳运动使得喜马拉雅山抬升，整个青藏地区有差别的强烈隆起，造成了青藏高原现在的宏观地貌格局。

高原大气环流大体上为冬季为高空西风气流所支配；而在夏季来自东南部的湿润气流影响着高原的东部和东南部，向西北逐渐减弱，年降水量从藏东南4000毫米以上，往西北逐渐减至50毫米以下，形成了东南湿润、西北干旱的格局。这种水分的差异，使得藏北多潜育沼泽，藏南多泥炭沼泽。此外，青藏高原低温条件下水分蒸发减少，厌氧环境下，微生物活动减弱，有机质得到积累，有利于沼泽的发育。

青藏高原冰川面积约占我国冰川总面积的4/5。冰川有保水和供水双重功能，为湿地发育提供了水分条件。黄河、长江源头等地的沼泽即发育于多年冻土层之上。青藏高原是我国湖泊分布最密集的地区之一，占全国湖泊总面积的2/5。由于高原不断抬升及干旱化趋势加剧，许多湖泊处于退缩阶段，湖泊周边地带及退缩湖泊都有助于沼泽湿地的发育。

总之，青藏高原有差别的隆起所造成的地貌格局及气候条件有利于高原湿地的形成。

高原湿地的分布

青藏高原湿地总面积131894.18公顷，主要分布在三个区域。

一是外流型大江大河源头区域，如长江、黄河源头区域的湖泊、河流和沼泽型湿地。河流湿地是该区最重要的淡水资源，长江、黄河、澜沧江、怒江和雅鲁藏布江等均发源于此。高寒气候，蒸发量小，多年冻土阻碍了水分下渗，再加上排水不畅，为沼泽湿地的发育提供了有利条件，部分区域因低温缺氧条件，形成了泥炭沼泽。

二是深居高原腹地的极高海拔区域或内流山间盆地，如藏北羌塘高原、可可西里和青海湖等内流型河流和湖泊湿地。在封闭式盆地中，水系内流，气候干旱，蒸发强，形成的湿地盐分很高。当雄县乌马曲沼泽就位于海拔4370米的当雄盆地。高原上湖泊众多，有"千湖之国"的美誉，湖泊底部有机质含量高，水生植物多。

三是地势平缓、低洼区域，该区域以沼泽型湿地为主，在高原上广泛分布，以那曲、若尔盖、柴达木以及邻近高山冰川积雪的冻土滞水区域为代表性分布区。丰富的河水、地下水、冰川融水为沼泽湿地发育提供水分条件；地壳运动形成的无河床宽谷，为沼泽发育提供环境条件。

湿地旅游

湿地旅游资源价值具有特殊性，高原湿地上水草丰富、禽鸟众多，以其独特的风韵吸引着国内外旅游探险者。开展湿地生态旅游，不仅能促进区域经济可持续发展，实现对湿地生态环境的有效利用，还可以对旅游者进行生动的环境教育，推动生态文明建设。

高原湿地多处于藏族等少数民族聚居区，民俗风情别具一格。牧区群众夏日逐水草而居，游牧草原；农区群众木制房屋、农耕田园。民族节庆多姿多彩，主要节日有"桑祭插箭"节、"洛萨儿"节、"雅尔敦"节等，其中，"雅尔敦"节是喜庆盛夏佳季节日，人们扎帐搭篷、沐浴乘凉、登高览景、集会联欢、唱歌跳舞、赛马、摔跤、射击、赛跑等，无处不欢乐祥和。黄河大草原旅游文化节又是展示灿烂民族风情的新舞台。独特的高原湿地文化是开展湿地旅游的一大亮点。

青藏高原（安雨/摄）

　　高原湿地旅游是以高原湿地为资源基础，对湿地自然景观和历史文化等进行了解、观察、欣赏和学习一种生态旅游活动，这种旅游活动不改变原有的湿地生态系统，而且还可以促进湿地公园在当地社区的发展，使当地社区民众受益。

　　高原湿地具有一定的脆弱性。放牧过度、开采泥炭等人类活动以及全球变暖、气候变干等自然因素直接对湿地进行的肆虐，使得高原湿地生境恶化。在人为因素和自然因素的综合作用下，高原湿地退化现象日趋显著。同时，湿地生态环境的破坏反过来又影响旅游业发展。因此，有必要对湿地进行分区保护，明确保护重点、保护难点和保护措施。在旅游活动之前搞好旅游保护措施，防患于未然。

待到春风潮涌，青山绿水映艳阳——青藏高原湿地

麦地卡湿地国际级自然保护区

麦地卡自古就有"世界的色瓦"（"色瓦"意为"鬃毛"）之称，形容这片平均海拔4900米以上的高亢草原就像野马趟河时鬃毛浮出水面一样出露云海。高山冰雪融水不断补给着麦地卡湿地，最终形成了这片高原精灵们的乐土。

在西藏嘉黎县麦地卡乡的麦地卡盆地中，国际重要湿地——麦地卡湿地就镶嵌其中。麦地卡湿地2004年被《湿地公约》组织指定为国际重要湿地，2005年被列入《国际重要湿地名录》，目前为国家级湿地自然保护区。"麦地卡"在藏语里的意思是"像马蹄印的地方"，而湿地也正如被马蹄踏出的一个个水洼。麦地卡湿地是拉萨河的源头，是藏北地区最典型的高原湖泊、沼泽、草甸湿地。

天高云淡，生物乐园

麦地卡湿地是怒江上游支流罗曲、姐曲和易贡藏布上游徐达曲及拉萨河上游麦地藏布三大水系的发源地，湿地内冰碛丘陵起伏，鼓丘群和羊背石广布，小型湖泊星罗棋布，是藏北地区最为典型的高原湖泊沼泽草甸湿地。麦地卡湿地是神山之源，理想沃土，是藏北地区的一颗明珠，美丽富饶。麦地卡湿地总面积为89540公顷，湿地里分布着260多个大小不等的湖泊，叫得出名字的就有180多个，而最大的湖泊则是位于湿地核心的澎错。雪山映照下的澎错，粼粼波光焕发深蓝的光彩。从澎错流淌出的就是绵延180余千米的麦地藏布，也就是拉萨河的源头。

麦地卡湿地是众多水禽和其他生物的栖息繁殖地，区域范围有98种脊椎动物，包含了70种鸟类，区域内生态系统保持着完好的自然状态。这里有很多野生动物，狼和熊都可能遇到，还分布有藏原羚、岩羊、盘羊、猞猁等珍稀野生动物，包括国家重点保护野生动物28种，其中国家一级保护野生动物有金雕、玉带海雕、胡兀鹫、黑颈鹤、雪豹、藏野驴和马麝等。麦地卡湿地每年有20万只以上的候鸟，其中，2万只水禽在此定期栖息，该湿地对黑颈鹤、赤麻鸭、斑头雁、普通秋沙鸭和棕头鸥等多种水禽的迁徙、繁殖都具有重要的意义，也是国家一级保护野生动物黑颈鹤西部种群最东端的繁殖地。每年的5、6月，成群的黑颈鹤、斑头雁回到这里，在草地上栖息、繁殖，自由飞翔。麦地卡湿地是湿地内鱼类的重要食物基地，也是湿地内鱼群依赖的产卵场、育幼场及洄游路线。麦地卡湿地由于气候等条件的限制，植物物种不是很丰富。其中，禾本科种数最多，其次是菊科和豆科植物，主要为藏北嵩草，伴生植物有藏北薹草、喜马拉雅嵩草、长轴嵩草、西藏粉报春、蓝白龙胆、高原毛茛、海乳菜等，均为西藏北部典型的湿地植物。麦地卡湿地对于当地水土保持、防止季节性泛滥的洪水、阻截上游沉积物并形成生产力很高的草甸、沼泽类型湿地具有直接作用，也是当地牧民和牲畜重要的水源。

待到春风潮涌，青山绿水映艳阳
——青藏高原湿地

沧海桑田，地质奇迹

在美丽的拉萨河源头是念青唐古拉山群山环抱的麦地卡盆地，盆地就像一个聚宝盆，中间地势平坦，湿地发育，涵养水源；四周群山环绕，冰川刨蚀切割的槽谷和鼓丘、羊背岩等冰川侵蚀地貌形态清晰可见。

20世纪70年代，中国科学院青藏高原科考队的郑本兴、李吉均等在西藏考察时，最先在拉萨河发源地念青唐古拉山群山环抱的麦地卡盆地发现盆地冰川这种特殊的古冰川类型。那里的冰川由山地发源汇集到盆地并充满盆地，然后流向西南留下成群的鼓丘，是中国西部很罕见的冰川地貌景观。在地质构造上，麦地卡盆地位于著名的嘉黎断裂带以北，由于来自喜马拉雅东南方向的挤压，麦地卡盆地整体抬升；而麦地卡盆地处于地貌的壮年期，保持较好的夷平面和宽谷地貌，为形成覆盖型冰川奠定了地质地形条件。中更新世末期出现间冰期气候，流水作用空前活跃，山地同时再次强烈抬升，在盆地周围山地河流进一步深切，这时期属于地形大切割时期。其后，进入中更新世末期的倒数第二次冰期，以南迦巴瓦峰为首的山地已足以构成南来季风的天然屏障，并且地形的大切割也使雅鲁藏布江下游近南北向的谷地成为南来气流的天然通道，使南来的水汽和热量能通过谷地源源不断输送向高原内部，在麦地卡高位盆地中形成盖覆型冰川。麦地卡冰帽冰川为海洋性冰川，冰川活动强烈，在盆地中遗留下了大量的鼓丘、冰蚀山等冰川侵蚀地貌。到达13万年前的末次间冰期，气候湿润，麦地卡盆地的冰川消失，盆地中心形成澎错冰蚀湖。随后，山地继续抬升，到了大约距今7万年进入末次冰期，盆地周围山地发育出山谷冰川，到间冰期气候变暖，冰川退缩，在谷地形成溢出山谷冰川的弧形终碛垅，山谷中上游还有长大的冰蚀湖。进入全新世，几次新冰期和小冰期只是在四周高山上形成冰川，冰川没有到达盆地。随着冰川作用的退出，麦地卡盆地积存大量冰雪融水，在冰川作用下形成的湖泊河流开始发育为湖泊河流沼泽湿地。

高原净土，地球之肾

麦地卡湿地国家级自然保护区因其特殊的地理位置和神奇迷人的自然景观而

蜚声中外。另外，麦地卡湿地有很大的科研、经济和社会价值，并具有很大的保护价值。它对于保护拉萨河的水生态安全、稳定拉萨河优良的水质、维护拉萨河景观格局、保护拉萨河流域的生态环境，皆具有极为重要的作用。在科研价值方面，麦地卡湿地是研究高原湖泊湿地生态、沼泽湿地生态以及河流湿地生态的理想场所，湿地类型多，湖泊数量多；是高原生物重要的基因库和典型的生态系统，是众多水禽和其他生物的栖息繁殖地；是研究高原生物遗传与物种保护的天然场所；对调节周边气候、改善草场小气候环境，也有着研究价值。在经济和社会价值方面，麦地卡湿地是拉萨河的源头，对湿地进行有效保护，可充分发挥其对拉萨河的供水功能、径流量调节功能、净化水质功能，对稳定拉萨以及拉萨河流域的生态环境具有重要意义，其价值不可估量。

麦地卡湿地是拉萨河重要的水源涵养地，也是中国重要的高寒湿地分布区，区域内的湿地具有生态蓄水、水源补给、气候调节等重要的生态功能。高原湿地涵养水源、保持水土的功能虽不能与森林植被相提并论，但由于其作为树线以上的高原河流的源头，也有着存贮水源、调节径流、补充河流及地下水水量的作用。麦地卡湿地拥有面积10公顷以上的湖泊39个总面积4200公顷，占湿地总面积的19.03%，湖泊的湖面平均海拔4900米，湖体贮水量高达2.5亿立方米；麦地卡古冰川作用形成的地形与沉积物为湿地发育奠定了物质基础，多年冻土的广泛发育和分布是麦地藏布流域高寒沼泽形成的重要环境条件之一。冻土及其孕育的高寒沼泽湿地和高寒草甸生态系统具有显著的水源涵养功能，是稳定河源区水循环与河川径流的重

163

要因素，沼泽湿地主要分布在各大小湖泊的湖滨及麦迪藏布两边，面积为17411公顷，占湿地总面积的78.85%。此外，从其截流的水源来看，高原湿地以其独有的方式改变了水资源的时空分布，对改善当地农业灌溉条件、解决藏中电网的用电需求矛盾、提高拉萨市的防洪能力、改善远期拉萨市工业用水的保障程度等作用显著。

保护自然，绿水青山

麦地卡湿地国家级自然保护区是青藏高原最具代表性和典型性的高原湖泊沼泽湿地。青藏高原的生态系统以湿地为主，麦地卡湿地与青海鄂凌湖湿地、青海扎凌湖湿地、西藏玛旁雍错湿地、四川若尔盖湿地共同维护着青藏高原的生态安全。麦地卡也是拉萨河的源头，生态区位重要，具有很强的自然性、稀有性、脆弱性、多样性、典型性，极具保护价值。

但是，近几十年来受全球变暖以及人畜活动的影响，部分区域出现草原化甚至沙化现象，部分区域出现了泥炭沼泽草甸化、草原化甚至沙化现象。冻土退化将会使得高寒沼泽化草甸向高寒草甸及高寒草原演替，随之植被盖度及根系发生变化，使植被对土壤中水分含量的调节作用减弱，对地表水的涵养和调储能力下降。首先全球气候变暖背景下势必导致高原多年冻土的进一步退化，这不仅使多年冻土区的地面变形，影响区域工程地质的稳定性，同时也将导致多年冻土区水文地质条件发生改变，进而影响区域水资源循环过程和生态环境。因此，保护湿地环境，应对气候变化，是我们面临的现实问题。其次，麦地卡湿地保护过程中编制短缺、专业技术人员匮乏。麦地卡总面积43496公顷，而管理麦地卡湿地的嘉黎县林业局仅有几人，管理如此大面积的湿地有一定的困难。而雇用了当地居民为野保员保护湿地，又存在无经费无编制的局面。

因此，为了增加对麦地卡湿地的保护力度，政府于2005年2月2日将麦地卡湿地列为国际重要湿地。并在至今的十几年中不断增加湿地保护的宣传力度，教育广大人民群众不断增强环保识，充分认识湿地保护与建设的重要性。同时，在保护区日常建设中宣传湿地的保护建设成果和国家在生态环境保护方面的政策，不断提高人民群众的环境保护意识。

为了加强法律监管，认真贯彻执行《湿地公约》和相关的法律法规、规章和规范性文件，认真关注湿地的开发利用、污染、自然灾害及湿地变化情况，国家于2022年6月1日颁布了《中华人民共和国湿地法》，把湿地保护作为林业的一项主要工作职责。

为了保护麦地卡湿地，2006年国家林业局批准实施麦地卡湿地监测站工程，通过麦地卡湿地监测站点建设，湿地管理基础设施明显改善，同时，制定可行的研究计划，集中力量，重点攻关，开展对麦地卡湿地恢复和修复技术等进行研究，为湿地的保护管理提供科学依据。在各方的不断努力下，湿地管理能力大大增强；野生动物生存环境明显改善，数量逐步恢复，种群不断扩大；监测设备的配备，加强了麦地卡湿地资源监测工作，形成规范、完整的监测体系，实现了对湿地资源的系统、全面、动态监测，为野外生态监测提供了条件，为生态建设可持续发展奠定了基础。目前，随着对麦地卡湿地管理的资金投入不断增加，从事湿地保护管理的技术力量也逐步增强，技术人员不断增加。

待到春风潮涌，青山绿水映艳阳
——青藏高原湿地

拉鲁国家级自然保护区

对于很多没去过拉萨的人来说，对圣城的第一印象会是神圣的拉萨城里有一座宏伟的布达拉宫。网络上流传的大部分照片，拍摄的都是布达拉宫的正面，白宫红殿依山而建，但很少有人会注意到布达拉宫身后的一片湿地。拉鲁湿地位于布达拉宫的正北方，这里没有建筑物遮挡，是欣赏布达拉宫全景的好地方。之前因为拉鲁湿地未对游客开放，鲜有游客在这个视角拍摄布达拉宫。作为世界上海拔最高、面积最大的城市湿地生态系统，拉鲁湿地每年能为圣城吸收7.88万吨二氧化碳，制造5.37万吨氧气，吸附空气中5475吨尘埃，是拉萨市区重要的氧气补给源和空气净化器，对于增加市区湿润度、吸尘防沙、美化环境、维持生态平衡起着十分重要的作用。

拉萨之肾，高原拉鲁

拉鲁湿地国家级自然保护区位于西藏自治区首府拉萨市市区西北角，与闹市区紧紧相连，呈东西带状分布。北面不远处是冈底斯山余脉，东北面与娘热、夺底两条沟谷汇集成的流沙河相接，东面与城关区拉鲁乡居民区及巴尔库路接壤，南面紧邻拉萨城区，以拉萨引水灌溉渠——中干渠和当热路为界。拉鲁湿地国家级自然保护区属冈底斯山系东延部分，平均海拔高度3645米，是典型的青藏高原湿地，属于芦苇泥炭沼泽；也是我国国内海拔最高、面积最大的城市天然湿地。在如此的高海拔缺氧之地，拉鲁湿地如一个天然氧吧，释放的氧气能够供养一方生灵，有"拉萨之肾""天然氧吧"之称。

拉鲁湿地属藏南高原温带半干旱季风气候区。阳光充足日照长，空气干燥蒸发大，降雨量少气压低，东风最多西风大。雨旱两季分明，全年降雨的80%～90%主要集中在6月至9月，年平均降水量444.8毫米；气温低，年平均气温7.5℃，年温差小，日温差大；年平均湿度45%。在这样的气候条件之下，拉鲁湿地成为典型的高寒草甸沼泽湿地，拥有十分丰富的植物群落，这也为拉鲁湿地不断供给氧气提供了坚实的基础。

拉鲁湿地湿润的气候和丰美的水草在高原上十分难得，每年引来大批赤麻鸭、黄鸭、毛腿沙鸡、斑头雁、棕头鸥、戴胜、百灵和云雀等各种野生鸟类，另有少量国家一级保护野生动物黑颈鹤在此嬉戏。

由古及今，拉鲁兴衰

关于拉鲁的渊源，在藏学家次仁央宗编著的《西藏贵族世家》里谈到亚谿。拉鲁家族的房名来历有详细的记载：该家族的重要居住地，家庭居住的房子"森夏"位于布达拉宫北面约二里处。该地日照良好，温度适中，春天来得早。古时，那里森林茂密，大小池沼星罗棋布，绿草如茵，风光秀美，令人赏心悦目，所以，被人们称为

"龙与神的少男少女们游乐嬉戏的林苑"，简称为"拉鲁嘎彩"。"拉"在藏文中是表示神的字义，拉鲁即为神龙之地。后来，拉萨流传着一首歌谣："拉萨呀拉萨美，拉鲁比她还要美。拉萨和拉鲁之间的宗角禄康更美丽。"一直以来，拉鲁都是人们向往居住的美好地方之一。

20世纪60年代以前，拉鲁湿地生态环境良好，生物多样性丰富，以水生芦苇和莎草科等植物为建群种的群落水草丰茂，环境优美。自六十年代中后期以来，湿地不断遭受来自湿地周围人类活动的干扰，包括从湿地排水、农业围垦、城市污水排放、城市化占地等，导致拉鲁湿地的生态系统退化，湿地面积明显减小、水环境恶化、生物多样性丧失等。

自1995年起，西藏自治区政府全面启动拉鲁湿地保护工程。1997年，完成了湿地现状、社会、人文及地理等资料的收集和考察工作。1999年5月25日，西藏自治区政府正式批准拉鲁湿地为西藏自治区级自然保护区。2000年，拉萨市政府颁发《拉萨拉鲁湿地自然保护区管理办法》，并编制了《拉鲁湿地自然保护区总体规划》，成立了拉鲁湿地自然保护区管理局。2005年7月23日，国务院批准新建拉鲁湿地自然保护区为国家级自然保护区。自1999年保护区建立以来，通过核心区住户搬迁、渠道生态修复、湿地防渗工程、清淤工程三期工程的实施，拉鲁湿地的生态得到了恢复。

目前，保护区面积约12.2平方千米，水域面积比刚成立时扩大了1/3。湿地内现存高等植物37科，常年生活在湿地内的鸟类43种，水生野生动物有152种，是青藏高原城市区域内一个不可多得的城市基因库。

造氧净污，拉萨明珠

拉鲁湿地国家级自然保护区主要保护对象为高寒湿地生态系统。拉鲁湿地的植被类型主要为湿地草甸，植物种类多样性较高，以高原特有的水生及半水生和草地植物为主。野生植物主要以芦苇群系和中生型莎草科植物为主，优势种和次优势种包括西藏嵩草、芦苇、水葱、灯芯草、黑三棱等。丰富的植物资源使得拉鲁湿地能够吸收大量的二氧化碳并释放氧气，甚至起到调节大气组分的功能。动物种类以水生类为主，脊椎动物种类也有分布。国家一级保护野生动物有黑颈鹤、胡兀鹫；国家二级保护野生动物有高山兀鹫；西藏自治区二级保护野生动物有赤麻鸭等。作为城市湿地，拉鲁湿地的水源以拉萨市北区及东北区的大量城市生活污水为主，而这些污水流经拉鲁湿地后，出水质量能达到《国家地表水环境质量标准》Ⅱ类水质标准。可见，拉鲁湿地有强大的降解污染、水质净化功能。

对于拉萨这样缺氧、干燥的高原城市，拉鲁湿地发挥着举足轻重的作用。它不仅能调节气候，吸尘防沙，美化拉萨市区环境，增加市内空气湿润程度和补充氧气，维护生态平衡，还能促进拉萨市城市生态系统的良性循环和城市环境质量的改善。拉鲁湿地密集的草丛阻止了蒸发水汽的扩散，遮挡了太阳辐射，降低了土壤温度，湿地长时间滞留水量经过草甸植物蒸腾，增加了拉萨市区环境空气中的水分含量。

此外，拉萨属于世界历史文化名城，拉萨市区内除有举世闻名的布达拉宫外，还有哲蚌寺、大昭寺、罗布林卡等历史文化古迹。所以，对该湿地的保护不但具有环境意义，而且具有社会意义。由于该地区自然环境独特，生物

169

物种资源丰富，又位于城市内，因此在地理学、气象学、生物学、环境科学以及旅游等方面，都具有较高的科学研究价值和开发优势。

高原奇景，水鸟游弋

拉鲁湿地方圆几百里的地区水草丰美，一年四季安住着各种鸟类和水生物。除了深秋之后至次年暮春，近半年停止对外开放之外，人们每天都可以进去散步休闲。

走进拉鲁湿地，能感受到层次分明、生机勃勃的盎然绿意。远处有连绵起伏的群山，山顶上还覆盖着薄薄的积雪，布达拉宫美轮美奂；近处的湿地内有一块块水泊，成群的候鸟在水中玩耍嬉戏，在蓝天白云下飞翔。

每年11月至次年4月，拉鲁湿地都有大批候鸟从几千千米之外的青藏高原北部飞来越冬。

黑颈鹤是一种高原特有的鹤类，因头顶裸露处呈暗红色，前颈和上颈腹面披以黑色羽毛而得名，属中国特产种，也分布于不丹和印度。据国际鹤类基金会调查，西藏拥有中国，也是世界最大的黑颈鹤种群，估计达4000只。黑颈鹤目前已经被列为世界濒危物种。在城市周边能看到这样的珍稀动物真是一件令人欣慰的事。

不仅是黑颈鹤，拉鲁湿地温润的气候和丰美的水草同样吸引着各种候鸟。每年10月底开始，大批斑头雁、赤麻鸭、黄鸭、西藏毛腿沙鸡、棕头鸥、百灵和云雀等野生鸟类会陆续来到这里躲避寒冬。斑头雁是冬季里拉鲁湿地的常客。它们常常集体出现在当地居民的房前屋后，甚至与家禽一起"玩耍"。斑头雁是一种非常适应高原生活的鸟类，在迁徙过程中它们甚至会飞越珠穆朗玛峰。在雁群中，斑头雁属于体形较大的，它们有扁平的喙，边缘锯齿状有助于过滤食物，腿位于身体的中心支点，有助于行走。最可爱的是，它们实行一夫一妻制，而且雌雄共同抚养后代。

拉萨是一座生命之城。意想不到的湿地动物——黑颈鹤、斑头雁、棕头鸥、红嘴鸥、赤麻鸭、秋沙鸭、骨顶鸡等水鸟和布达拉宫构成一幅和谐的画面，这些是可贵的，要好好珍惜。如今的拉萨仍处在日新月异的变化中，这片湿地不仅成为平衡城市气候的调节器，也成为人们认识万物的一面镜子。通过它时时照见彼此，让我们对所依存的大自然始终能够保持几分亲近和敬畏之心。

待到春风潮涌，青山绿水映艳阳
——青藏高原湿地

171

青海隆宝国家级自然保护区

在青藏高原唐古拉山和巴颜喀拉山之间，有一片山青水美、景色秀丽，但并不为人所知的神秘的高原湖泊，当地的藏族人称其为隆宝湖，"隆宝"是藏语，意为有鱼有鸟的沼泽。

隐藏在三江源腹地的秘境

隆宝湖位于青海省玉树市西南部的结隆乡境内，是一片平均海拔约4200米的高原沼泽湿地。隆宝国家级自然保护区是青海第一个国家级自然保护区，地处三江源核心区，隶属玉树藏族自治州，1984年设省级自然保护区，1986年晋升为国家级自然保护区。其气候为大陆性高寒气候，受海拔高度影响，光能丰富，热量不足，水分充足，降水集中，四季不明显。这里年平均气温为2.9℃，年极端高温为28.7℃，极端低温在零下26℃左右。

隆宝湖南北两侧分别为海拔4760米的仓宗查依山和海拔5182米的宁盖仁其崩巴山，在亚钦亚琼、肖好拉加等高山相拥下，形成中间狭长的湖区。仓宗查依山和宁盖仁其崩巴山是两座壮美的高原雪山，常年积雪，如同两座冰雕雪塑的巨人耸立在隆宝湖的南北两面。在玉树的藏族人心目中，这两座山是格萨尔王派来保护他的爱人珠姆以及她的家乡的卫士，一直坚守在这里履行着自己的职责。这是护佑他们的两座圣山。这两座山雪线以下的山体及山麓地带，一直延伸到隆宝湖周围，全被密实的植被所覆盖。在当地的传说中，这些植被就是珠姆宝帐里的大地毯。

山峰四季白雪皑皑，雪山融化的涓涓细流在狭长的草原上形成7条长流河。缓慢的河流在海拔4300米的广袤草原上，塑造出淡水湖泊、沼泽、沼泽草甸、高寒平地和山地草甸相间的地貌。冰川和积雪融化后形成的河流、小溪、一些地下涌泉以及夏季降雨，逐渐在地势低洼处汇聚并绵延舒展，形成隆宝滩这片生机盎然的高原湿地。隆宝湖东西长18.7千米，南北宽3千米，总面积约50平方千米。

夏日的隆宝滩，宛如一块巨大的闪着银色光芒的镜子，熠熠生辉，碧蓝如洗的清透天空和幽蓝澄净的深沉湖水在这里彼此融合。而分布于沿岸或湖中心的绿油油的草甸，则犹如一颗颗宝石或一条条缎带，镶嵌在如镜般平静的水面上。在青藏高原，湿地春秋冬三季处于冰冻期，夏季解冻融化，长期冻融交替，便会形成典型的高原湿地景观——大大小小随冰融过程不断扩大的水面错落相连，其中分布在湖中或湖口、沿岸凸起的草甸格外显眼。

高原精灵：黑颈鹤

"guo-guo-guo……"

待到春风潮涌，青山绿水映艳阳
——青藏高原湿地

173

左图为丹顶鹤，右图为黑颈鹤

"gage-gage……"

听！是黑颈鹤在和我们打招呼！

黑颈鹤身村高挑，头顶都有一块裸露的红色皮肤，头颈部和尾羽黑色，身体大部分为白色羽毛覆盖，乍一看，和丹顶鹤有几分相似。那么，如何正确地认识它们呢？有个小诀窍可以迅速辨别：黑颈鹤只有一个简单的白色眼妆，头的其余部分和颈的上部约2/3全部为黑色，而丹顶鹤头部的耳部到头枕均为白色。

黑颈鹤成鸟平均身高1.2米，属于中等体形的鹤类，拥有和其他鹤类一样的标志性三长身材（喙长、脚长、身体长），因而能非常好地适应草甸沼泽的生存环境。作为高原精灵的黑颈鹤，是全球现存的15种鹤科鸟类中，唯一可以完全生活在高原上的鹤类，主要生活区是海拔2100～4900米的高原地区。

虽然黑颈鹤和丹顶鹤同为国家一级保护野生动物，但是却不如丹顶鹤那样家喻户晓，这与黑颈鹤主要分布在高

青海隆宝滩湿地（闹布战斗/摄）

原地区有关，从古至今的历史典籍或文化作品中几乎没有出现过它的身影。直到1876年才被科学家发现，是最晚被科学命名的鹤类。对它们最为熟悉的是藏民族。黑颈鹤在藏文化中被赋予了多种含义，比如，高尚与纯洁、思念故乡的女儿，甚至长寿。在唐卡、藏柜等藏族传统文化作品中，会发现它的身影。黑颈鹤被藏族称为"格萨尔达孜"，意为格萨尔王的牧马官。传说，格萨尔王的妻子珠姆每每在遇到危难之时，观音菩萨都会派黑颈鹤来解危救难。故此在当地，藏族群众对黑颈鹤敬若神明，悉心保护。

正是因为这种人和鹤之间的密切关系，黑颈鹤才会在隆宝湖栖息繁衍，隆宝湖才真正成为黑颈鹤的家乡。也因此黑颈鹤被誉为青海省省鸟，隆宝成为已知繁殖黑颈鹤种群密度最高的地区，也是我国20世纪80年代建立的第一个以黑颈鹤及其繁殖地为主要保护对象的自然保护区。

黑颈鹤和其他鹤类一样，遵循"一夫一妻制"。每对夫妻抵达繁殖地，在挑选完合适的筑巢地后，还会演绎双鹤鸣舞，以增进情感交流。这些浪漫的舞姿包括雌雄对鸣、绕圈跑动、低头弯腰，然后扇翅抬头向上作垂直跳跃或叼起草茎等物往空中抛、仰天对鸣等，堪称鸟界舞蹈家表演，观赏起来十分悦目。

黑颈鹤的爱情是势均力敌的，是最纯洁的，也是最专一的。黑颈鹤不同性别间的外貌差异很小，不像很多鸟类，雄性长得更艳丽、张扬，占据绝对的主动。雌性产卵以后，雄鹤和雌鹤会轮流孵卵，一只在外觅食，补充营养，另一只始终会留在巢中，维护自己的领地。一个月后，幼鹤破壳。黑颈鹤属于早熟鸟，生下来就能跟随父母活动，快速学习觅食、飞行技巧，几个月后体重就能达到成年鹤的大小。在这种情况下父亲的作用非常重要——寻找食物、防御天敌。

民间传说中，如果一只鹤死去，另一只绝不会再配对，终生悲伤地离群孤行，或者一直在空中盘旋嘶鸣，直到力竭身亡，非常凄壮。黑颈鹤产卵极少，每年只产一到两枚，孵化的成功率也只有50%，而且出壳的小鸟也不能全部成活，所以该种群发展非常缓慢。

黑颈鹤和伙伴们

当地牧民说："只要黑颈鹤的叫声多，隆宝滩就会风调雨顺，牛羊就会长得肥壮。"

随着黑颈鹤的到来，隆宝春天的气息一天比一天浓。4月中旬后，河水和沼泽中的冰雪融化，寒意悄悄消失，溪流在草滩上开始缓缓流动，草原上的牧草开始返青，矮矮的嵩草、禾草偷偷地钻出了刚解冻的土壤，不知不觉地给寂静的大地抹上了一层淡淡的绿，紧接着百草丛中百花盛开，姹紫嫣红，宛如美丽的少女披上了一件缀满花朵的绿色长裙！

在嵩草、薹草为主色调的沼泽草原上，点缀的珠芽蓼、西伯利亚蓼、红景天、龙胆等杂草相继开出不同颜色的花，像紫云英岩黄耆，紫色的小花成片开放，在草地上十分醒目，是重要的牧草之一。绿草茵茵、水波潋滟，天蓝得像块宝石，白絮般的云彩就在头顶上悠悠地飘荡着、变幻着，隆宝成为一幅美丽的油彩画。

夏日的隆宝十分热闹，这里还居住着黑颈鹤的朋友斑头雁、赤麻鸭等雁鸭类住客。它们和黑颈鹤一样，也为隆宝滩丰茂的湿地而来，在此落户构筑爱巢，繁衍后代。

陆地上，高原鼠兔也没有闲着。鼠兔妈妈和幼崽们正在享用着甘甜的青草。而就在它们大快朵颐之际，一旁的捕食者——藏狐也在步步逼近。藏狐是青藏高原的特有种，它可能是狐属中辨识度最高的狐狸了。标志性的方头小眼，不知道贡献了多少网红款表情包。作为青藏高原上的小型捕食者，鼠兔绝对是藏狐日常菜单上的主要口粮。不过，可别被它呆萌的外表迷惑了，一旦它进入捕捉状态，猎食者的本性可是暴露无遗。通常它们会选择一个目标，然后俯下身子，蹑手蹑脚地靠近目标区域。在安全距离内，它会将整个身体趴下，一动不动。一旦时机成熟，便会一个跃身紧急咬住对方。然后不到半分钟，鼠兔就已经被囫囵吞下了。

长期以来，黑颈鹤一直与高原上的人们共享着同一片湿地，并在传统生活方式和观念的维系下和平共处。但是，人口的增加以及生产、生活方式的改变，曾经短暂地打破了这段宁静。由于缺少可持续发展的认识和规划，20世纪六七十年代至20世纪末，三江源地区曾经历过度放牧、过度开垦、过度捕捞等粗放的开发利用模式，并一度开创农畜产品产量的历史峰值，但很快因为超过自然承载力的阈值，过度利用的结果造成自然生态系统明显衰退。隆宝滩也曾经历当地人迫于生计压力，捡拾鸟蛋售

待到春风潮涌，青山绿水映艳阳

——青藏高原湿地

177

卖，导致黑颈鹤数量曾一度下降到不足30只，斑头雁数量也只剩下40多只。

自然保护区的建立，彻底扭转了这一趋势，经过30多年的努力，隆宝湿地的保护意义得到科学和实践的印证。从鸟类监测数据来看，鸟类种群数量由原先的14目28科61种增加到目前的16目39科132种其中，国家一级保护野生鸟类9种，国家二级保护野生鸟类18种；黑颈鹤数量由1984年建区时的22只，增加到平均每年的170～180只，斑头雁从原来的几百只达到1万余只，其数量都超过该物种全球数量的1%，且种群数量稳步增长，黑鹳、赤麻鸭、豆雁和其他鸟类资源数量也有了明显增长。隆宝自然保护区泥炭资源丰富，贯穿的河流也是濒危物种高原裸裂尻的主要产卵和繁殖地。这一切成就，离不开保护站的各位藏族巡护员年复一年默默地守护。这些高原上的粗犷汉子，终日以隆宝滩为家，小心目温柔地守护着这片土地和在此生活的每一个生命。

2015—2019年，隆宝国家级自然保护区完成了办公设施更新等基础设施建设，建立了科研监测信息共享平台，完成了水鸟栖息视频监控平台等数字化保护区建设，启动了湿地生态效益补偿试点。保护区周边123户13.04万亩湖面草原，发放湿地生态效益补偿补助资金342.75万元，发放乡、村、社三级社区管护补助26.08万元。同时，签订乡、村、社三级生态环境保护共管协议与牧户管护协议，稳步推进保护区社区共管。

保护区先后与湖南东洞庭湖、四川雅江格、江西鄱阳湖、云南会泽、云南大山包等国家级自然保护区建立了自然保护区协作保护机制，与青海师范大学地理科学学院共建隆宝国家级自然保护区高寒湿地生态系统监测与保育研究站，与世界自然基金会、山水自然保护中心建立了生态环境保护合作关系。一批批志愿者和更多爱心人士的关注支持日益投向这里。

保护黑颈鹤等迁徙候鸟，以前防的是人，防止人们把黑颈鹤、斑头雁的蛋捡了去吃，或者拿去换生活用品、摩托车零件；现在主要防天敌，例如，赤狐、野狗等野生动物不仅会偷蛋，还会捕食幼鸟。这一切，现已极大改善。黑颈鹤警惕性很高，但对牧民已有了安全感，有时候牧民路过，它都不会理睬。在保护区，人跟黑颈鹤等野生动物已经重建信任，呈现出人与自然和谐相处的景象。

我们都有美好的未来

2022年2月25日，青海省林业和草原局邀请中国科学院西北高原生物研究所、青海大学、青海师范大学、青海民族大学等相关领域专家参与玉树隆宝滩湿地、海西可鲁克湖－托素湖国际重要湿地申报评审会。经专家初步评估，两处湿地符合《国际重要湿地名录》的相关标准和要求，同意推荐申报。

湿地与人类的生存、繁衍、发展息息相关。随着建设生态文明、保护青山绿水的理念深入，一个生机勃勃、绿色盎然的隆宝湿地展现在世人眼前，也以海纳百川之气势和包罗万象之情怀展现出了她无穷的魅力。这里涵盖了青海典型的河流湿地生态系统和沼泽湿地生态系统，具有丰富的生物多样性资源、多样的湿地景观和深厚的历史文化资源，为黑颈鹤等珍稀鸟类提供了优质的食物和良好的栖息生存环境。

保护区很多区域都是公路与核心区直接相接，缺乏缓冲地带，如搭建旅游帐篷并将车辆停在草甸上的游客干扰、湿地垃圾等问题便随之产生。隆宝湖是美丽的湖，黑颈鹤钟情于隆宝湖，给这里带来了更多的美丽，为我们呈现了高原湿地独特的生灵和别样的精彩。这些雄俊山川和缤纷生灵的存在，或许是自然的恩赐，但若想长久地拥有这样的壮美自然和多样生灵，则需要我们所有人的共同努力。

（执笔人：张明祥、武海涛、王玉玉、张振明、
张文广、文波龙）

待到春风潮涌，青山绿水映艳阳
——青藏高原湿地

（文波龙/摄）

  "横看成岭侧成峰，远近高低各不同。"有些湿地，兼具科研与体验，从干涸退化到全国重点建设国家湿地公园的牛心套保湿地，既是国家AAA级旅游风景区，又是具有科技支撑的可持续发展湿地；从开启中国沼泽定位观测到国家标准搭建野外长期定位平台，中国三江源沼泽湿地逐渐投入国际湿地的怀抱；从"五彩净土"到"九曲廊桥"，盘锦红海滩既有"落霞与孤鹜齐飞，秋水共长天一色"的奇丽景色，又有全国乃至全球唯一一处在泥滩上建起的木制旅游景观。在本章中，笔者将向大家介绍那些兼具科研与体验的沼泽圣地。

横看成岭侧成峰，远近高低各不同
——科研与体验的圣地

水陆过渡——沼泽湿地

水陆过渡
沼泽湿地

牛心套保湿地

　　牛心套保，一个曾湿地干涸退化、濒临倒闭的苇场，转变成全国重点建设国家湿地公园。芦苇湿地集中连片，社区经济发展健康和谐，依靠科技支撑，推行绿色发展，是生态文明建设、绿水青山就是金山银山理念的成功实践，是湿地生态保护与社区产业发展相协调的中国智慧、中国方案。

生态恢复，涅槃重生

　　松嫩平原西部全区土地总面积10.11万平方千米，为松花江、嫩江及其支流冲积形成的低平原，属中温带半干旱、半湿润大陆性季风气候，是我国北方生态环境脆弱带的一部分，也是东北地区生态环境破坏最严重的地区之一。受人为因素和自然因素的影响，土地荒漠化突出，表现为"三化"（盐碱化、沙漠化、草原退化）。松嫩平原西部由于地势低平，河流比降小，无下切能力，侧蚀能力强，河流蜿蜒曲折、排水不畅，加上地表有黏重的第四纪沉积物，透水性差，造成地表水既难排除，又难入渗，因而形成面积广大的草本沼泽、内陆盐沼。在嫩江中下游、嫩江和第二松花江汇合处，洮儿河、霍林河流域集中分布了大面积湿地。该区气候由半湿润向半干旱过渡，植被类型由森林草原向草甸草原更替，土壤类型从台地黑土区向平原淡黑钙土、盐碱土和丘陵栗钙土变化。由于自然环境的剧变和人类活动的破坏，区内生态环境恶化，湿地面积大幅度减少，功能严重退化。

牛心套保位于吉林省大安市西南部，地理坐标为北纬45°13′~45°16′，东经123°15′~123°21′，属霍林河河漫滩。芦苇沼泽湿地集中连片，面积达4200公顷，目前是松嫩平原西部除黑龙江扎龙湿地以外保存最完整的河漫滩芦苇沼泽湿地。该区地势低洼，地表径流集水面积达200平方千米，年平均集水在1500万立方米，罕见的丰水年芦苇湿地能得到霍林河泛滥洪水补给，多数的平水和枯水年，霍林河断流，需从洮儿河引水补给湿地。牛心套保国营苇场1976年由国家轻工业部投资兴建，是以芦苇为造纸原料的工业生产基地，由于气候干旱，加上受放牧等人为因素干扰，芦苇沼泽湿地退化十分严重。2000年前后，牛心套保苇场干涸退化，大面积芦苇株高在1米以下，芦苇湿地残留水体的pH值8.0~8.5，除积水的土壤表层有淡化层（pH8~8.5）外，湿地土壤pH多在10以上，部分湿地退化演变成无芦苇生长的碱斑地。

为了探讨恢复和合理利用松嫩平原西部退化盐碱湿地的生态模式，2003年开始，中国科学院东北地理与农业生态研究所在大安市牛心套保苇场对退化的芦苇湿地进行科技攻关，以工程措施恢复湿地与河流的水力联系，完善灌排水系统，建立"两灌两排"的灌溉制度；采用苇田基底翻耕松耙、芦苇根状茎移植和施肥促繁等农艺措施恢复芦苇植被。水文调控与植被恢复重建相结合，大幅度提高了芦苇的生物量和生态经济效益，近5万亩退化芦苇湿地

牛心套保湿地恢复效果对比（文波龙/摄）

得以恢复，植被平均生物量增加20倍。基于生态学的物质循环、生物共生、生态位原理，以及发展循环农业的思想，建立苏打盐碱化湿地苇—蟹（鱼）—稻高效生态利用模式，为湿地的保护与可持续利用提供了经济、社会与生态效益相统一的新模式。

基于湿地的恢复，牛心套保湿地2011年12月由国家林业局正式批准为国家湿地公园（试点）单位，2016年被国家林业局批准为国家湿地公园，目前发展成为全国899家国家湿地公园中20个重点建设国家湿地公园之一，也成为中国湿地保护协会理事单位、世界自然基金会鸟类保护合作单位、国家AAA级旅游风景区等。

合理利用，功能提升

牛心套保湿地，在湿地恢复和放养的基础上，又不断深化、拓展湿地恢复和利用内容，基于湿地苇—蟹（鱼）—稻复合生态模式，全面分析与评价不同退化程度、恢复阶段湿地系统的立地条件，设计改良盐碱湿地水、土调控和适应性管理方案，科学估算生态需水量；通过农艺措施规模化快速恢复盐碱湿地植被，研发本地蟹种（扣蟹）培育技术，开展盐碱湿地栽种本土水生经济植物（芡实、籽莲）工作；利用芦苇资源进行食用菌栽培，拓宽和延伸盐碱湿地持续高效生态产业，实现维持和推进湿地恢复工程自维持的适应性管理；并利用定位系统监测分析盐碱湿地恢复的生态环境效益，支撑松嫩平原西部盐碱湿地恢复与湿地农业综合模式推广和应用。

这些工作的开展，实现了以水育苇、水中养鱼、水下养蟹、尾水灌田、苇基育菇的"稻—苇—蟹（鱼）—菇"复合生态农业发展模式，牛心套保3000公顷退化芦苇湿地得到保育和恢复，芦苇总产量达到9000吨以上；芦苇河蟹平均超过140克/只，年均成蟹产量超过40万斤[①]；利用苇田退水开展的"旱改水"苏打盐碱地生态种稻，亩产达到588千克/亩；年产芦苇食用菌菌棒超10000棒，每吨芦苇可生产2000个菌棒，平均产菇2000斤，杏鲍菇、平菇、榆黄蘑形成产业。形成了芦苇、养殖、种植、食用菌、苇工艺、旅游等生态产业链，年均创造总产值4000万元以上。从2003年开始恢复湿地到现在，牛心套保湿地产业创造产值5亿元，成为当地脱贫致富、乡村振兴的重要支撑。目前，湿地生态产业特别是内陆苏打盐碱水型河蟹养殖，已经在松嫩平原西部及周边大面积辐射推广应用，达100万亩/年以上。"大安芦苇河蟹"品牌注册了国家地理标志商标，连续举办了多届品蟹文化节，成为区域生态、文化产业活动品牌，带动芦苇工艺画、科普宣传教育、生态旅游、美丽乡村建设发展，产业模式成为区域生态产业精准扶贫和乡村振兴的重要抓手。

① 1斤=500克。以下同。

同时，牛心套保湿地的局地气候调节功能增强，生长期内蒸散量597.1毫米，高于水面1倍，土壤各层日均温度低于盐碱化草地1.7℃～3.7℃；碳汇功能提高，年碳储量1689.95g克/平方米；对农田退水TN、TP净化率60%以上；湿地水面的湿性固定风沙达3.9～369.9克/平方米；生物多样性恢复，野生动物增加90%，达144种，丹顶鹤、东方白鹳等16种国家一级和二级保护野生动物重新回归。

湿地恢复与合理利用成果的应用和推广，成为创新驱动发展、生态文明建设的重要实践，综合效益明显，社会效益突出。中央电视台《新闻联播》等媒体对牛心套保湿地保护、生态产业模式进行了报道。世界自然基金会（WWF）、湿地国际（wetlands international）、联合国粮农组织（FAO）、世界环境基金（GEF）等国际组织也在关注牛心套保湿地。

科技支撑，健康发展

牛心套保湿地的恢复、保育和合理利用，主要是依托科技团队20年的持续攻关和技术成果转化。基于技术模式的成功示范与推广，2013年中国科学院东北地理与农业生态研究所与吉林省林业和草原局联合在牛心套保建立了湿地恢复与合理利用研究示范基地，进一步推动了相关研究与示范工作的深入。2015年，牛心套保基地列入中国科学院东北地理与农业生态研究所"东北湿地生态系统观测研究网络建设"，设立"中国科学院松嫩平原西部盐碱湿地生态研究站"。2017年研究站正式揭牌，研究站在原有退化湿地恢复与合理利用基础上，不断完善水质、水文、植被、土壤、生物多样性、温室气体、小气候等定位生态监测。依托牛心套保湿地，研究站主要针对内陆盐碱沼泽与湖泊湿地的自然演变过程及人类经营活动对内陆盐碱湿地生态系统结构和服务功能的影响进行长期定位观测研究；揭示盐碱湿地区域生态屏障功能，构建退化盐碱湿地生态保育与恢复技术体系，建立盐碱湿地资源可持续利用生态工程模式和试验示范区，主要开展研究、观测和示范。该示范区既是定位观测实验平台、高新技术开发基地、技术成果的试验示范基地，也是人才培养基地和学术交流基地、科普教育基地。依托牛心套保湿地，研究站联合开展了国家自然科学基金、国家重大科学研究计划、重点研发计划项目、中国科学院先导专项、院地合作、科技成果转化等科技项目；授权相关技术发明专利10余项，发布地方标准2项，出版多部专著，独立科技成果"吉林西部退化盐碱湿地恢复与合理利用关键技术研究"以及参与的成果"松嫩平原西部湿地植被快速恢复技术及应用""东北平原内陆退化沼泽近自然综合恢复关键技术创新与应用"均获省级科技进步一等奖，培养了一大批湿地人才。牛心套保湿地成为湿地科学研究和技术研发的重要基地，而这些工作又为牛心套保湿地及松嫩平原西部等退化湿地的恢复、保育、合理利用，以及监测评价提供了支撑。

目前，针对区域内土地盐碱化、湿地退化、水资源供需矛盾突出及灌区退水污染问题，开展盐碱湿地恢复与生态产业、灌区退水工程湿地消纳、盐碱稻田"种养结合"高效利用等关键技术研发和示范应用，提供盐碱地稻田－湿地系统生态健康提升、资源高效利用整体方案，将进一步有力地推动苏打盐碱地治理与综合利用工程，为区域的湿地可持续发展提供直接的科技保障，为干旱、半干旱区的湿地提供借鉴。

牛心套保湿地（文波龙/摄）

横看成岭侧成峰，远近高低各不同
——科研与体验的圣地

187

中国科学院三江沼泽湿地试验站

在祖国的东北方，黑龙江、松花江、乌苏里江共同孕育出了三江平原。这里既是我国商品粮的主产区，也是最大的淡水沼泽分布区之一。三江平原拥有三江国家级自然保护区、兴凯湖国家级自然保护区、洪河国家级自然保护区、七星河国家级自然保护区、珍宝岛国家级自然保护区和东方红湿地国家级自然保护区6处国际重要湿地。我国第一个沼泽湿地野外台站——中国科学院三江平原沼泽湿地生态试验站（黑龙江三江沼泽湿地生态系统国家野外科学观测研究站）就处于这些国际湿地的怀抱中。

顺应历史需求，开天辟地，开启中国沼泽定位观测

三江平原地区代表着我国中纬度冷湿（长期季节性冻融）低平原沼泽湿地典型分布区。

三江平原发育了多种典型类型草本沼泽，主要包括薹草（毛薹草、漂筏薹草、乌拉草）沼泽、芦苇沼泽、小叶章沼泽等类型，与国内其他沼泽湿地分布区（如若尔盖高原沼泽湿地）相比，具有类型多、结构复杂、生物多样丰

三江平原沼泽试验站（宫超/摄）

富等特点，属于我国中温带湿润农业湿地生态区，具有典型性和代表性。

20世纪70年代末，为了推进自然湿地的保护，刘兴土院士为黑龙江省调查和规划了三江平原第一个沼泽自然保护区——洪河自然保护区。随后，刘兴土和同事们共同建立了我国第一个沼泽湿地生态站——三江平原沼泽实验站，进一步推进我国沼泽湿地研究由考察步入定位研究阶段。三江平原沼泽实验站于1986年依托中国科学院东北地理与农业生态研究所（原中国科学院长春地理研究所）正式建立；1992年加入中国生态系统研究网络，定名为中国科学院三江平原沼泽湿地生态试验站；2005年进入国家站序列，定名为黑龙江三江沼泽湿地生态系统国家野外科学观测研究站。以三江站为核心，发展建设了中国科学院兴凯湖湿地生态研究站/黑龙江兴凯湖湿地生态系统国家野外科学观测研究站、大兴安岭森林湿地生态试验站、松嫩平原西部盐碱湿地生态研究站和盘锦双台河口滨海湿地研究站，形成了中国科学院东北湿地生态观测研究网络。研究网络涵盖了东北地区主要湿地类型，纬度跨度为北纬40°~51°，年平均气温跨度−3℃~8.4℃，为东

横看成岭侧成峰，远近高低各不同

——科研与体验的圣地

北地区湿地生态系统的监测和研究提供了重要技术支撑平台。

　　三江站位于国家生态系统野外观测站网络布局分区中的IIA1区。站区微地貌发育，洼地常年积水，低平地季节性积水，分布有多种类型的草本沼泽、沼泽化草甸、岛状林及沼泽垦殖后的农田。试验站内分布有常年积水沼泽，季节性积水沼泽、沼泽化草甸、岛状林，以及垦殖后农田（旱田和水田）。主要湿生植被有毛薹草、漂筏薹草、乌拉草、狭叶甜茅及小叶章等，植被覆盖率一般在70%~90%，土壤类型主要有草甸沼泽土、腐殖质沼泽土、泥炭沼泽土、潜育白浆土、草甸白浆土等，试验场内的沼泽湿地类型、植被类型和土壤类型在区域上都具有代表性。三江站坚持开展沼泽湿地及农田系统各生态要素及环境要素的长期定位观测与研究，拥有沼泽湿地综合观测场、沼泽湿地辅助观测场、人工湿地（稻田）辅助观测场、旱田辅助观测场4个对比观测试验场；建立了三江平原湿地水平衡与水源涵养大型研究平台、湿地生物多样性观测和多因子综合模拟研究科研样地，共配置野外观测仪器和室内实验仪器170余台（套），开展三江平原沼泽湿地及垦殖农田系统水文、气象、土壤及生物过程的系统监测工作（表3）。

表3　中国科学院三江平原沼泽湿地生态试验站观测场设置　　　　（单位：公顷）

场地名称	面积	建立时间	主要观测（研究）内容
常年积水区综合观测场	8	1988年	对地区最具代表性的沼泽湿地生态系统进行水分、土壤、大气和生物等方面的综合观测和研究
气象观测场	0.0625	1994年	对生态系统的气象、辐射、蒸散发以及大气环境化学成分等要素进行长期定位观测
季节性积水区辅助观测场	4.5	1988年	对季节性积水的湿地生态系统进行水分、土壤和生物等方面的综合观测和研究
旱田辅助观测场	7.5	1994年	对比观测沼泽湿地垦殖为旱田后环境和生态要素的长期演变规律
水田辅助观测场	7.5	1994年	对比观测沼泽湿地垦殖为水田后环境和生态要素的长期演变规律
区域观测场	1800	2007年	对三江平原典型沼泽分布区设置植物、鸟类等调查样带，研究湿地生态系统过程与功能对全球变化的响应及其机制
湿地生态系统科研样地	26	2016年	采用野外长期对比观测样地和野外原位控制实验样地相结合的样地建设思路，综合考虑人类活动和气候变化的影响，构建沼泽湿地生态系统结构－功能－服务和环境效应综合性研究样地，为维持湿地的区域生态屏障作用、湿地功能的稳定性及湿地保护提供重要的基础数据和科学依据
湿地水平衡与水源涵养模拟研究平台	3	2016年	针对如何确定三江平原生态脆弱区湿地保护红线，维持湿地生态功能稳定，合理确定湿地对区域水资源补给和水文调节能力阈值等问题，为应对日趋增强的人类活动的影响，确保区域主体功能定位，建立统一规范的野外长期观测与综合试验科研设施，为解决上述关键科学问题提供系统的长期观测研究数据

三江平原沼泽试验站（宫超/摄）

立足站点，辐射全域

自建站至今，三江站与黑龙江洪河国家级自然保护区一直维持着良好的合作关系。洪河自然保护区内生态系统类型多样，生物资源丰富；野生植物资源1012种，其中，经济植物628种，约占植物总数的62.06%；珍稀濒危植物6种，包括野大豆、刺五加和黄芪等；野生动物资源284种，其中，国家一级保护野生动物12种，二级保护野生动物40种；发育有森林、灌丛、草甸、沼泽和水生植被等生态系统类型，保留了三江平原沼泽的原始风貌。三江站以洪河自然保护区为区域重点研究观测基地，布设了植物群落长期调查调查样带、植物多样性固定观测样地、碳通量观测系统、小气候观测系统，布置了多处地表水质、地表水位和地下水位监测点等。

除洪河自然保护区外，三江站还与位于三江平原的三江、兴凯湖、挠力河等国家级自然保护区建立了稳定的合作关系，在湿地类型变化、生物多样性、鸟类迁徙、环境要素、碳源汇等方面均积累了优质的数据，形成了辐射三江平原区域的监测体系。

厚积薄发，继往开来

三江站主要以沼泽湿地为研究对象，基于沼泽湿地生态系统要素、主要生态过程长期定位观测和控制实验，明确沼泽湿地生态系统的关键生态过程及不同时空尺度上的表征；系统认识在全球变化和人类活动驱动下的湿地生态系统结构与功能、过程与格局的变化规律，建立退化湿地恢复、保育技术与管理途径，并进行试验示范，为区域湿地保育、资源合理利用及应对全球变化等提供可靠的动态基础数据支撑、理论依据与技术平台支持。面向国家资源环境与生态安全战略和长期生态系统研究的需求，针对国家社会经济发展中有关湿地生态环境和湿地生态学中的科学问题，三江站主要研究方向为：①沼泽湿地生态系统过程与演变规律；②沼泽湿地生态系统结构、功能及环境效应；③退化与垦殖沼泽湿地生态系统恢复与可持续管理。

近年来，三江平原湿地生态系统由于受垦殖、排水、资源侵占等人为干扰，造成了普遍性的结构退化、功能下降。针对黑土区湿地生态系统，三江站科研团队开始开展湿地精准生态补水与农业用水保障的流域水资源综合调控、退化湿地恢复与合理利用技术模式、湿地消纳农田退水工程技术等工作，提炼黑土区湿地综合效益提升对策方案，为抓好粮食生产，维护好国家粮食安全的"压舱石"贡献自己的力量。

芦荡浩渺、鹤翔鸥飞，红草、绿苇、白浪、金稻在河海相融的辽河口湿地，编织出五色锦绣；奇丽壮观景色晕染成一幅五彩斑斓的油画。

芦花摇曳稻田画，大地织锦彩虹落——盘锦红海滩

这里素有"五彩净土""天下奇观"的美称。一边是湛蓝的海水和火焰般的红草，一边是金波荡漾丰收在望的盘锦黍稻。盘锦红海滩，这幅以大地为纸，以苇海、稻田、碱蓬草为墨，并用飞鸟、海豹点睛的壮丽风景画就这样铺陈在辽河口最宽阔的天地之间。在这块流域面积1200平方千米、流淌汇聚大小21条河流、生长着3万亩茫茫林海和万亩碱蓬草的五色滩涂上，红、黄、蓝、绿、白就这样亿万年无声无息地在这片宁静而古老的土地上演绎生命、演绎爱情……天上的飞鸟、海里的鱼虾、稻田里的河蟹与这里的人们自然而和谐地交往。

横看成岭侧成峰，远近高低各不同
——科研与体验的圣地

大地织锦，生命奇迹

盘锦市红海滩湿地位于渤海湾东北部辽河三角洲中心，是辽河三角洲湿地的主要组成部分，其拥有植被类型保护完好的大型芦苇沼泽地。这里以红海滩为特色，以湿地资源为依托，以芦苇荡为背景，再加上数以万计的水鸟和一望无际的浅海滩涂，还有许多火红的碱蓬草，成为一处自然环境与人文景观完美结合的生态系统。这里被誉为"鹤乡"、"黑嘴鸥之乡"，既是一级保护野生动物丹顶鹤、黑嘴鸥生存和繁衍的乐园，也是鹬类动物的重要驿站，栖息的珍稀鸟类多达289种。同时，这里也是国家一级保护野生动物西太平洋斑海豹的重要繁衍地，因此享有"斑海豹之乡"美誉。此外，这里丰富的水产资源，例如，河蟹、鱼虾等，在国内外市场的青睐度逐步提升。盘锦红海滩凭借其自身特有的生态资源建设成为红海滩国家风景廊道景区、国家生态旅游示范区和国家湿地旅游示范基地，

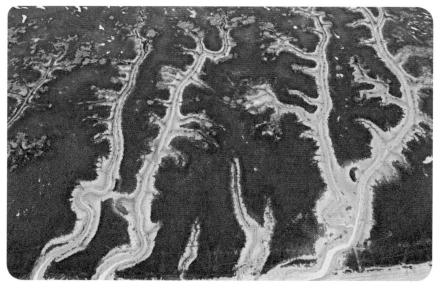

辽河入海口的红海滩（刘晶敏/摄）

并在2020年顺利成为国家AAAAA级旅游景区。

织就红海滩的是一棵棵纤弱的碱蓬草（盐地碱蓬 *Suaeda salsa*），是藜科碱蓬属植物，一年生草本植物，通常生于海滨、湖边、荒漠等处的盐碱荒地上，在含盐量很高的潮间带也能稀疏丛生，是一种典型的盐碱指示植物，也是由陆地向海岸方向发展的先锋植物，有"翡翠珊瑚"的雅称。碱蓬草每年4月钻出地面，在生长过程中，一次次受到阳光和潮水的洗礼，不断汲取土地与海水中的盐分，颜色开始慢慢由嫩绿变成深绿再到浅红、紫色，到9~10月的全盛期，便酿造出一片火红的生命邑泽。据了解，这种壮观的红海滩景象只在我国盘锦沿海滩涂地区出现，在我国其他沿海地区尚未发现。虽然我国的其他地区也有这种碱蓬草生长，但却不能像这里的碱蓬草由红色变紫色，形成奇景。

铭记历史，传承文化

红海滩是活的，始终追赶着海浪的踪迹。滩涂以每年50米的速度向里延伸，追随红海滩，也就追随了生机与希望。红海滩的确切出现时间无法考证，有学者称有了地球有了海的时候，就已经有了红海滩。在人们为温饱而奔波的20世纪60年代，它被叫作"救命滩"，而碱蓬草被称为"救命草"。当时，百姓常食不果腹，当地的渔民和村民就把采来的碱蓬草收集起来，将其洗净、剁碎，再用粗糙的玉米面将这些处理好的碱蓬籽、叶和茎掺在一起，做成红草馍馍用于充饥。凭着这些仅有的馍馍，无数人熬过了最艰难的岁月。

红海滩靠近辽东湾，一直以来是渔民的落脚聚集之地，渔民们沿袭的是一种不定居的原始渔猎生计方式，他们像候鸟一样南北迁徙，故被称为"古鱼雁"。这一古老而富有生活体验的群体，演绎了双台河口海域及沿岸内涵丰富、特色鲜明的"古鱼雁"文化。"古鱼雁"民间故事主要包括"古鱼雁"的始祖崇拜、海神崇拜、龙王崇拜、祭祀和庆典、渔具的起源和演变等，具有重大的历史价值、很高的科学价值、独特的文化价值和重大的现实意义。2006年，《古渔雁民间故事》被《中国国家级非物质文化遗产名录》首批收录其中，另外"古渔雁"相关的六十余篇民俗故事被《中国民间文学集成辽宁卷》收录并多次获奖，从而丰富了红海滩的文化内涵。位于双台河口入海口的广大海域正是古鱼雁捕鱼、生活的区域，是传承"古鱼雁"文化的重要基地。

除此之外，石油文化、知青文化等也是当地存在许久的历史文化，此外"红袖"和"芦生"的美丽传说故事也令人深受感动。该地是辽河油田采油处，临海而建了众多石油工业文化景观，油田附近建有一些观景栈道，区域景色非常优美。红海滩还承载了这座城市在岁月变迁中的知青记忆，在这片土地上萌发出多部以知青建设为背景的文学作品。红海滩文化以其深厚的底蕴，丰富的内涵，感染着一代代的当地居民以及无数外来游客的心灵。

生态廊道，浪漫体验

红海滩国家风景廊道河海相融，气象殊异，是中国最北海岸线。景区依托浩瀚的绿苇荡和退海湿地的先锋植物碱蓬草构成了红绿相间的天下奇观。景区10个景点（由北至南有依水云舟、卧龙湖码头、小岛闲情、踏霞漫步、岁月小栈、向海同心、廊桥爱梦、稻梦空间、情人岛、爱情宣言廊道）由一条沿海公路串联而成，朝海面碱蓬铺岸，滩涂霞染，芦荡浩渺，碧浪连天；背海面油田井架昂首、稻田成片、苇海无垠，三田呼应，湿地内数以万计的水鸟翱翔蓝天，好似人间仙境。

红海滩是大自然孕育的一道奇观。海的涤荡与滩的沉积，是红海滩得以存在的前提，辽河在移山填海的过程中，将上游的大量的有机物席卷而来在这里沉积，形成了退海之地——滩涂，含有沉积有机物的滩涂是盐地碱蓬生长的有利环境；碱的渗透与盐的浸润，是红海滩红似朝霞的条件。形成红海滩的盐地碱蓬生长的主要限制因子是盐分，其最适合生长的水分盐度在1.5%左右，低于或高于该浓度，盐地碱蓬都会出现退化。盐地碱蓬的驻扎会降低土壤中重金属的含量，改善土壤肥力，有利于生态环境的修复。从红海滩景区的接待中心到主景区还有一段路程，途中会经过望不到边的芦苇荡、水禽园、月牙湾湿地公园，最终到达目的地——天下奇观红海滩。

红海滩码头坐落在辽河三角洲的入海口处，是全国乃至全球唯一一处在泥滩上建起的木结构、木桩基础、承台式仿古建筑群及纯木制旅游景点。该码头的"九曲廊桥"全长680米，由519根木桩支撑，自岸边逶迤而行，直探进海中。木制平台面积有2000余平方米，由1998根木桩在滩地上傲然拔起，舒展地卧在波涛之上，餐厅、游廊、清吧、茶座错落其间，潮起潮落时，冲击出一派罕见的海上风光。别样的海上休闲，别有一番滋味在心头。码头现有若干游船和快艇，一次载客就达上百余人之多。船行海上，不仅可以观赏无数只海鸟穿梭于云间天际的曼妙

横看成岭侧成峰，远近高低各不同
——科研与体验的圣地

197

身影，亦可欣赏到燃透天涯的红海滩。

据悉，辽宁盘锦著名旅游风景区红海滩的碱蓬红草，四月初为嫩红，渐次转深，十月由红变紫，进入秋初后生长旺盛，天下奇观红海滩的色彩随时间的推移越发浓烈。在景区内，不仅可以体验浪漫的爱情红海滩，还可以观赏鸟儿的飞翔，感受盘锦石油的"燃情岁月"。

红海滩国家风景廊道，坐落于湿地度假区，总长度约为18千米。这里被称为"世界红色海岸线""中国最精彩的休闲廊道""中国最浪漫的户外游憩海岸线"。红海滩国家风景廊道以举世罕见的红海滩为特色，以全球保存最完好、规模最大的湿地资源为依托，以世界最大的芦苇荡为背景，成为一条独一无二的生态风景廊道。极富观赏魅力的红海滩吸引了来自国内外的众多游客。

五彩净土，蒹葭苍苍

廊道东侧是碧波荡漾的芦苇湿地，是世界芦苇湿地的重要组成部分。这里一年有四景：初春时节，尖尖的苇芽迎着乍暖还寒的春风，齐刷刷地钻出沼泽伸向天空；时至夏季，满眼青翠，一望无际；秋季的苇海，绚丽多彩，蔚蓝的天空映衬着或翠绿，或鹅黄，或紫红的芦花，令人如痴如醉；冬天来临，芦苇的叶子已经脱落，只剩下金黄色的苇秆和毛茸茸的苇花。广袤无垠的芦苇湿地中，栖息着数以万计的珍稀水禽，这里是多种野生动物的繁殖、栖息之地。这里是丹顶鹤繁衍的最南端，也是黑嘴鸥和西太平洋斑海豹的繁殖地。这些湿地精灵为我们的旅游度假区增添了无限的灵气和神韵。黑白相间的仙鹤跳起欢快的舞蹈，一群群漂亮的鸥鸟亮起歌喉，唱起了最动听的歌谣。

红海滩像一幅巨大的猩红色地毯铺展在平阔的海滩上，远远望去层层叠叠，漫无尽头，夺人心魄，蔚为壮观，"红海滩"因此得名。

盘锦作家在《凝望红海滩》中写下了诗一般的文字："……在那望不到尽头的嫣红中，常有一条纤细的小河，波光粼粼，汩汩流淌，恰似少女的蛾眉，更烘托出整个脸庞俊美的轮廓。这一望无际的空旷之中，没有花香，没有鸟语，只有点缀其间的簇簇芦苇，在秋风中诉说它们的苍凉和妩媚，就连不时掠空飞过的鸥鸟，也在静静地不出声响。极远的海面，有三三两两的帆影缓缓驶过，与红海滩相连的海面和着轻轻的风，绽放着朵朵温柔的浪花。这一切，活脱脱是天神地母拣尽人间自然坦荡的情愫铺就而成，钟灵毓秀、风华绝代。"

（执笔人：张明祥、武海涛、王玉玉、张振明、
张文广、文波龙）

横看成岭侧成峰，远近高低各不同
——科研与体验的圣地

（张维忠/摄）

从"一不怕死，二不怕苦"的珍宝岛精神，到永照草地的长征精神，沼泽也承载和见证了先烈保家卫国、奋勇抗战、不怕牺牲的革命精神。乌苏江畔，红色文化，赓续绵延，作为全国唯一的珍宝岛自卫反击战史馆和全国著名的红色旅游景点，珍宝岛湿地是见证抗战胜利的神圣之地。长征精神，永照草地，这里有周恩来亲笔题字"红军走过的大草原"，中国红军过草地的壮举为若尔盖草原更添了浓墨重彩的一笔。

江山如此多娇，引无数英雄竞折腰
——红色文化的传承

水陆过渡——沼泽湿地

珍宝岛湿地

　　东方红，太阳升，在祖国的最东方，珍宝岛湿地如同一颗稀世珍宝的璀璨明珠，依偎在乌苏里江的河畔，神秘而秀美，被列为国家级自然保护区。同时，这里也是全国爱国主义教育示范基地，见证了无数革命先烈保家卫国、奋勇抗战的光荣历史。珍宝岛如今已成为全国著名红色旅游景点。

乌苏江畔，沼泽性河流密布

　　珍宝岛湿地地处完达山南麓，乌苏里江中上游左岸，位于黑龙江省虎林市虎头镇珍宝岛乡，地理坐标为北纬45°52′00″~46°17′23″，东经133°28′44″~133°47′40″，湿地面积为29275公顷。珍宝岛湿地北部为完达山余脉的丘陵地形，海拔为130~170米，主要为硅质岩、砾岩、凝灰质粉砂岩、板岩，起伏和缓，最高为烧炭山，海拔为223.6米。小木河以南主要为地势低缓的冲积平原，平均海拔为60米，沿乌苏里江流向呈现南高北低的态势。湿地内主要河流有乌苏里江、小木河、阿布沁河、七虎林河，湖泊主要有月牙泡、刘寡妇泡，以及数十个常年积水或季节性积水的泡沼。湿地内河流均属乌苏里江水系，多属平原沼泽性河流，河漫滩发育，有的无明显河床，常与沼泽湿地连成一片。

泡沼多集中分布于河流两岸，形状各具特色，多种多样；水体深浅不一，有深3~4米的湖泡，也有0.5米深的浅浅的沼泽。这些湿地水源主要靠江河洪泛、大气降水补给。

植被多样而繁茂，栖息鸟兽众多

珍宝岛湿地有河流湿地、湖泊湿地、沼泽湿地3个湿地类型，以沼泽湿地和岛状林为主，大面积的淡水湿地集中连片，是同纬度地区保存最原始和类型最典型的沼泽生态系统，也是亚洲北部水禽南迁的必经之地和东北亚地区水禽繁殖中心。湿地内植物种类有87科221属393种，其中，蕨类植物3科6属9种，裸子植物1科2属3种，被子植物有83科213属381种。植被类型分为森林植被、灌丛植被、草甸植被、沼泽植被、水生植被5种类型。湿地内的森林面积较小，类型也少，仅分布于北部丘陵漫岗和河谷滩地上，以白桦、山杨、蒙古栎为主。湿地内的灌丛有的高大，形成灌状丛林；有的是沼泽植物组成的沼泽灌丛，有榛灌丛、细叶胡枝子灌丛、杠柳灌丛3种类型。草甸植被主要是小叶章草甸和小叶章-杂草草甸。沼泽植被类型分为草丛沼泽、灌丛沼泽，以湿草甸植物为主，小叶章为单优势种。受湖泊地形、坡度、水深和基底特征的制约，不同湖泊的不同区域形成的水生植物群落各不相同，有浮叶植物类型、沉水植物类型和漂浮植物类型3种，常见的水生植物有莲、荇菜、穗花狐尾藻、浮萍等。

最美湿地，风光无限

2002年4月，珍宝岛湿地被批准为省级自然保护区。2004年1月，被国务院批准为国家级自然保护区。2011年10月，被列入《国际重要湿地名录》，享有"世界最美湿地"的盛誉。身处珍宝岛湿地内，登上平台举目远眺，芳草青青、水带蜿蜒、绿树点翠、鸥鸟翔集，湿地美景尽收眼底，无限风光胜似人间天堂，绝美之处难于言表，有赞曰："虎头归来不品鱼，湿地归来不作画。"

珍宝岛湿地气候属温带大陆性季风气候，冬季漫长严寒，夏季温热多雨、光水热同季，春季升温快、多风少雨易旱，秋季降温迅速、多雨易涝早霜。湿地地带性土壤是暗棕壤，非地带性土壤有白浆土、草甸土、沼泽土、泥炭土和河淤土等6个土类。该区域气候寒冷，冰雪覆盖长达5个月，冬季冰天雪地，分外壮观。

红色文化，赓续绵延

珍宝岛起初是从中国方面伸入乌苏里江的一个半岛，经过水流长期冲击，形成长约2千米的小岛。珍宝岛面积不足1平方千米，却因20世纪60年代末的珍宝岛事件令世人瞩目。珍宝岛是守岛战士的家和爱国主义教育基地，也是虎林的一处著名旅游胜地。虎林历史悠久，人文荟萃，红色文化底蕴厚重。

1969年，震惊中外的珍宝岛自卫反击战在此打响，仅有0.6618平方千米的珍宝岛战役遗址，也因"百年首捷，一岛独胜"闻名中外。英勇的守岛战士用鲜血和生命捍卫了国家主权和民族尊严，铸就了"一不怕苦、二不怕死"的珍宝岛精神。如今的岛上早已硝烟散尽，但英雄树、猫耳洞、五代营房和守岛战士一起，仍在忠实地见证着珍宝岛50多年的风雨历程。世界反法西斯战争胜利60周年之际，在虎头景区连续举办两届"虎头国际和平论坛"，五国同播，加强学术研究和交流，凝练红色文化精神内核，向世人发出了远离战争、珍爱和平的呼吁。

如今珍宝岛已成为黑龙江省东南部重要的爱国主义、革命传统主义教育的阵地，是全国唯一的珍宝岛自卫反击战史馆和全国著名的红色旅游景点。珍宝岛湿地不仅仅是一处美如画卷的景观，更是见证抗战胜利的神圣之地。

一种精神，可以在清风里游荡，给你以清爽；可以在说教里传播，给你以力量；可以在书本里收藏，给你以传承。一种精神，一旦进入心里，就可以创造出举世无双的信仰。

绿源无垠漫风烟，蓬高没膝步泥潭——若尔盖沼泽

"若尔盖"在藏语里是指成群的牦牛和犏牛吃草、撒欢与奔跑的大草原。若尔盖沼泽湿地位于四川、甘肃和青海交界"金三角"地带的"民族走廊"，就像镶嵌在藏东雪域高原的一颗绿宝石，是世界上唯一的铁布梅花鹿栖息地，有天下黄河九曲十八弯的第一弯，享有"中国最美的高寒湿地"和"中国黑颈鹤之乡"的美誉。由于地理位置的特殊，到目前为止，若尔盖沼泽仍是一方最为原生态的旅游目的地。

站在刷经寺，畅想红军长征，在这里会师的情形，热血沸腾，欢呼弥漫于山冈；站在有周恩来亲笔题字"红军长征走过的大草原"——日干乔大沼泽旁，红领章、红帽

徽，像抹不去的记忆，在清风里闪耀；站在红军多次走过的草地——若尔盖沼泽湿地的草墩旁，红军战士艰难跋涉的模样，在清澈的湖水里始终难忘；走进若尔盖，站在巴西会议的遗址旁，那决定红军命运的讨论，构成开国元勋们年轻时的斗志昂扬；站在高高的，红军长征纪念碑面前，他们的神奇故事，他们的英勇善战，他们的临危不惧，他们的可歌可泣，像一股洪流，势不可当，像一道神圣，高不可攀。

若尔盖县位于我国青藏高原东北部四川省阿坝州北部，地处黄河、长江上游。在若尔盖10620平方千米的土地上，风光旖旎，民风淳朴，文化底蕴厚重，动植物资源丰富。拥有蜿蜒逶迤、绰约的黄河九曲第一弯，一碧万顷的热尔大草原，烟波浩渺的梦幻花湖，怪石嶙峋，峰峦

若尔盖湿地鸟瞰图（徐永春/摄）

叠嶂的郎木大峡谷，氤氲缭绕的降扎温泉，莽莽苍苍的原始森林，光芒四射的巴西会址，神奇瑰丽的宗教文化，多姿多彩的安多藏民族风情。县内分布有若尔盖湿地国家级自然保护区、黑颈鹤自然保护区、梅花鹿自然保护区。已查明的植物有1163种；动物种类繁多，有脊椎动物251种，栖息着黑颈鹤、藏鸳鸯、白鹳、梅花鹿、小熊猫、大熊猫等珍禽异兽。

若尔盖湿地作为中国最大的泥炭沼泽分布区，被国际湿地专家称为"世界上面积最大、最原始、没有受到人为破坏的最好的高原湿地"。天空蓝得纯粹而干净，就像刚出生的婴儿瞪着透亮的眼睛，打量着这个世界，充满了好奇和喜悦。海拔很高，离天堂很近，感觉一伸手便能触到软绵绵的云朵，跳进去打个滚，伸个懒腰，然后被柔软地包裹起来美美睡一觉会很幸福吧！成群的牦牛吹着高原凉爽的风，悠闲地吃草，品种多样的植物遍地生长，开出五颜六色的花朵，有的热烈，有的羞涩，绚烂一个个山坡。牧民搭建的帐篷里有暖暖的炉火，香香的奶茶，淳朴的笑容。

若论自然美景，这里最不容错过的两个地方便属花湖和九曲第一弯。花湖被称为镶嵌在若尔盖的明珠，对很多人来说可能这是一个小众的景点，但景色却颇为超凡脱俗。沿着长廊走进了一片未知的仙境，水天一色，加上芦苇摇曳着点缀湖面，站在中间只想闭着眼睛安静地呼吸一下清新的空气。凉风习习，鸟儿扑棱着翅膀，鱼儿调皮地吐着泡泡，这一刻安静祥和，忍不住感谢生命的美好，而那些俗世的烦恼，已离去。九曲第一弯是长江和黄河的分水岭，每年若尔盖湿地都可以向黄河提供约30%的水量，是母亲河的巨大蓄水池，由于这里是黄河的上游河段，与之前看到的浑浊的黄河水完全不同，站在观景台，你会怀疑自己的眼睛，忍不住感叹黄河之水果然天上来，一路蜿蜒下去，非常清澈，可以欣赏水中鱼在天上游的奇观。

"万涓成水汇大川，千转百回出险滩。消酒长流济斯民，力发黄河第一弯。"母亲河——黄河发源于青海巴颜喀拉山，自西向东，迂回曲折，在若尔盖县唐克乡形成了壮美的黄河九曲第一弯。这是黄河流径四川的唯一一段。登高远眺，但见她风姿绰约、款款而来，蜿蜒而去，似哈达，似玉带，似长龙，似飞天飘带，从天之尽头飘然而来。"黄河天上来，红日地中落"，九曲第一弯红柳成林、水鸟翔集、渔舟横渡，被中外科学家称为"宇宙中庄严幻景"。古寺白塔，簇簇帐篷、缕缕炊烟、声声牧歌，相伴黄河，更显自然之悠远博大。这里是全国三大名马之一——河曲马的故乡，河曲马被杜甫赞誉为"竹披双耳俊，风如四蹄轻"。俗话说"不到黄河心不死"，中外游客来都以饱览黄河九曲第一弯胜景为快。

若尔盖，除了独特的高原湿地草原风光以及丰富的藏族文化资源外，更以红军长征的红色文化而闻名于世。这里，物华天宝、人杰地灵；这里，是共和国九大元帅走过的地方。八十多年前，在第五次反"围剿"失败后，中国工农红军开始了二万五千里长征。此后，红军战胜世人所罕见的艰难困苦所造就的长征精神，已成为中华民族宝贵的精神财富。

若尔盖拥有民俗、宗教、红色、生态等多元文化。精品旅游的建设，只有借助文化内涵才能更具魅力、更具生命力。其中，红色文化在美丽的若尔盖大草原上熠熠生辉，犹如万顷碧色上镶嵌的一颗红宝石，光彩夺目。

巴西会议 历史转折

若尔盖县境内分布有广袤的草原和景色秀丽的农区。农区主要指包座七房的78个自然寨，坐落在巴西、阿西河与包座河流域的林间谷地，这里以宗教为核心的藏文化氛围浓郁，包座七房（7个部落）拥有9座规模不等的寺院，不少寺院因为红军长征而永载史册，如巴西班佑寺院、上包座达金寺院、求吉乡的求吉（救济）寺院、阿西的卓藏（脚丈）寺院等。

每一方山水，都融汇于红色传奇。

从若尔盖县城出发，往东走过一段15千米的平坦公路，再拐进一段15千米又长又颠簸且非常狭窄和崎岖的盘山路，就到了重重山林中的巴西乡。背靠山岭，正面是群山遥望的会议旧址，至今只剩下几片朱红色的断壁残垣，地上满是荒草，杂草也从土墙上冒出。旧址前的纪念碑文介绍，这原是藏传佛教寺庙，建于清康熙年间，原名班佑寺，占地近千平方米；今所存为其正殿大雄宝殿残垣。

作家王树增的《长征》描述了当时的危急情况。8月，张国焘甚至以命令口气要求右路军南下。9月9日当天，下令右路军南下。同时，叶剑英还看到了张国焘的一份电报，说要彻底开展党内斗争。"这封电报是一个危险信号。"书中记叙，当时彭德怀已获悉，张国焘收缴了各军团相互联络的电报密码，他向毛泽东报告，后者可能"采用阴谋手段将中央搞掉"。正是这些因素，促使毛泽东赶往巴西紧急会议的召开并做出重申继续北上的决定。

"这是千钧一发的关头。如有不慎，中国共产党和中国工农红军前赴后继所赢得的一切都将毁于一旦。"王树增在书中评述。而纪念碑也写着："巴西会议是决定党和红军前途命运的一次关键会议，在中国革命史上有着重要的历史地位。"

巴西会议的重大历史意义正如毛泽东在《中国共产党在民族战争中的地位》一文中所指出的："由于巴西会议和延安会议反对了张国焘的右倾机会主义，使得全部红军会合一起，全党更加团结起来，进行英勇的抗日斗争。"

红军长征在四川的光辉历程，是长征史上浓墨重彩的篇章。

围点打援 包座大捷

包座位于若尔盖县东南部，地处深山峡谷的包座河两侧。包座为藏语"务柯"的译音，意为包座沟笔直像"枪膛"。包座又分为上包座、下包座，处于群山之间，周围尽是原始森林，地势十分险要。松（潘）甘（肃）古道，北出黄胜关、两河口，经浪架岭，蜿蜒于包座河沿岸之山谷中，包座适扼其中。

消灭包座之敌，开辟前进道路，是摆在右路军面前的迫切任务。徐向前主动向党中央建议，攻打包座的任务由红四方面军部队来承担，并准备采取围点打援的战法，求歼包座和来援之敌。在总指挥徐向前的指挥下，红三十军军长程世才、政委李先念率右路军第三十军和第四军一部向包座之敌发起猛烈攻击，采取诱敌深入、分割包围的战术，全歼企图堵截红军之胡宗南部第四十九师，攻占包座。在波浪汹涌的包座河畔，刚走出草地的红军将士在极端艰苦的条件下，取得了包座战役的全线胜利。

包座战斗的胜利，粉碎了蒋介石"围剿"红军于川西北的新战略，扫清了红军北上的障碍，打开了向甘南进军的通道，让红军北出四川实现了创建川陕甘根据地计划，使敌企图把红军困在草地的阴谋彻底破产。

在这场著名的战役中，涌现出许多可歌可泣的故事。红四方面军战士、营山县人谢经仲，就是在包座战役中受伤流落下来的。当时，谢经仲正丢掉枪栓与敌人拼刺刀，却被另一个敌人从背后用大刀砍到头部，当场倒在血泊中。当他苏醒过来时，微风吹拂着他的脸颊，只见满天的星光照耀着大地，流星一颗颗划过天际，但身边再也找不到一个有气息的战友。

此后，谢经仲融入了苟哇村普多寨藏家，成为纳乾家的一员。为了报答纳乾家的救命之恩，他拼命劳作，成为当地最勤奋的劳动能手。谢经仲一边劳动一边等待部队的消息，但几年时间过去了，却听不到部队的任何消息。

终于等到解放了，谢经仲听到了毛泽东同志带领的红军胜利的消息，由衷地高兴，振作起来投入到热火朝天的社会主义建设中去。身为木匠的谢经仲在村里盖起了一座座新房，用自己的双手改变着第二故乡的面貌。

长征精神 永照草地

八十年多前，中国工农红军三大主力集中走过若尔盖大草原，在这里度过了长征以来最为艰难的一段时光，也留下了许多弥足珍贵的红色印记。

"风雨浸衣骨更硬，野菜充饥志越坚。官兵一致同甘苦，革命理想高于天。"这是长征组歌中描写的红军过草地的真实写照。沿着大渡河北上，过丹巴、走金川，越过红原县的瓦切镇，就进入了若尔盖草原。路边的一个山包上面矗立着一个"九大元帅走过的草地"纪念碑。无数星星点点的小湖泊灿若星辰地点缀在一望无垠的草原之上，弯弯曲曲的白河仿佛一条银色的丝带滑落在银河之中，让人心旷神怡。1935年8月，红军翻越了雪山以后，在毛儿盖、波罗子一带集结休整。面对纵横数百里、人烟稀少的水草地。党中央在毛儿盖召开政治局会议，决定红军第一、第四方面军分别在毛儿盖和卓克基两地集中，混合编为左右两路军，继续过草地北上奔赴抗日前线。右路军在毛泽东、周恩来、徐向前、叶剑英等率领下，从毛儿盖出发，绕过松潘穿过草地向班佑前进。左路军在朱德、张国焘、刘伯承等率领下，由马塘、卓克基出发过草地向阿坝地区开进。

当时正值草地的雨季，若尔盖草地变成了漫漫沼泽，一不留神就会陷入泥潭中不能自拔。红军战士饥寒交迫，挖野菜、嚼草根、吃牛皮，以坚强的革命意志，保持着严明的优良纪律和乐观的革命精神，发扬了令人感动的阶级友爱，同甘共苦，以巨大的精神力量战胜了自然界的困难，终于在死神的威胁下夺路而出。

在路边一处靠近公路的沼泽中断断续续有一些突出水

211

面的草甸。小心翼翼地试探前方泥泞的深浅，踩着草甸边探边行，期望能找到当年红军过草地的真实感觉，但走不到200米，已经满头大汗，实在是难以想象当年的红军战士饥肠辘辘，身背重负是如何走出草地的。此时深切理解了金一南教授的那段话——"我们曾经拥有一批顶天立地的真人，他们不为钱，不为官，不怕苦，不怕死，只为胸中的主义和心中的信仰"，带领中华民族历经重重艰难险阻，最终凤凰涅槃，从苦难走向辉煌。

红军长征虽已成为过去，但长征精神永远不会过时。在建设"生态、活力、畅通、和谐、幸福"若尔盖的进程中，我们还面临基础设施建设薄弱、公共服务能力低、生态保护难度大等问题。面对经济新常态，我们所经历的将是一个新长征。新形势下如何大力弘扬红军长征精神，克服一个又一个艰难险阻，将红军在长征过程中的实事求是、顾全大局、严守纪律、紧密团结、互助友爱、依靠群众和特别能吃苦、特别能团结、特别能忍耐、特别能战斗、特别能奉献的精神转化到全面建成小康社会、全面深化改革、全面依法治国、全面从严治党的实际工作上来，具有深远的历史意义和极强的现实指导意义。

中国工农红军长征不仅影响了中国，也深深影响了世界，长征精神已是世界文化的一笔宝贵财富，它是人类坚定无畏的丰碑，它超越了时代，超越了国界。

如今的若尔盖发生了翻天覆地的变化。发扬不怕困难、积极向上、开拓进取的长征精神，抓住西部大开发的历史机遇，依托自身的自然资源、独特的民族资源和厚重的红色资源优势，力争把若尔盖建设成拥有最大的高原旅游精品区、最大的牦牛生产示范区、最大的高原湿地生态功能保护区、最大的藏药生产加工区的高原明珠。

流落红军的后代见证了若尔盖的发展历程。雪山草地是红军长征途中最艰难的一段行程，在匆匆的行军、作战途中，许多红军战士因伤、因病而留在了草地，陌生的环境、无法听懂的语言、奇异的风俗都给他们的生存带来了挑战。红军长征过草地迄今已八十年了。在这漫长的岁月中，生活在草地的流落红军经受了种种艰难的考验，融入当地藏民族的群体之中。这是两种文化的融合，其过程充满了艰辛，也闪耀着人性美好的亮点。

如今的若尔盖，一湾宁静的黄河，一块神奇的湿地，一片辽阔的草原，一方圣洁的雪域，一个质朴的民族，宛如镶嵌在川西北边界上瑰丽夺目的绿宝石。这就是古老而年轻的若尔盖，我们期待着她焕发出更加璀璨夺目的光辉。

（执笔人：张明祥、武海涛、王玉玉、张振明、
张文广、文波龙）

江山如此多娇，引无数英雄竞折腰
——红色文化的传承

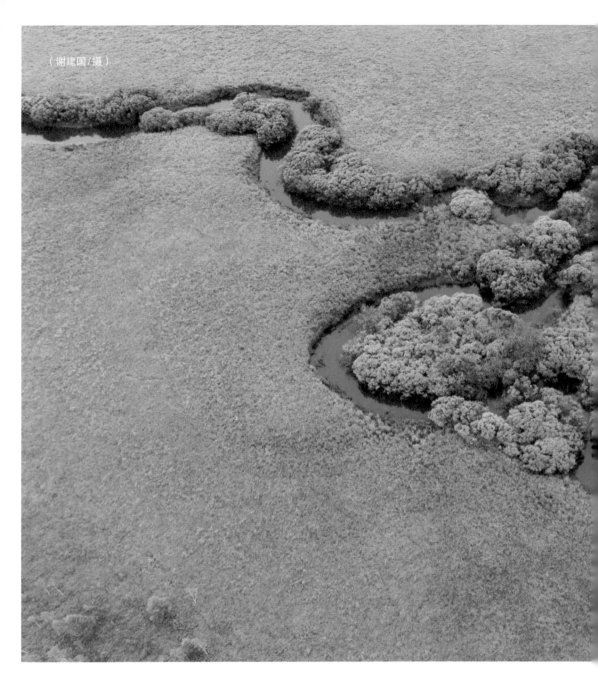

（谢建国/摄）

　　近年来，由于人类活动与社会经济发展，沼泽湿地受到一定破坏，保护沼泽湿地，恢复受干扰与破坏的沼泽湿地，并寻求沼泽湿地的可持续利用途径迫在眉睫。在本章中，笔者将介绍中国沼泽湿地的保护历程，梳理现有的沼泽湿地保护对策，探讨中国沼泽湿地的可持续利用途径。秉着保护利用双管齐下，修复旅游共谋发展的宗旨，创造沼泽湿地更美好的明天！

保护利用双管齐下，修复旅游共谋发展
——生命共同体

水陆过渡——沼泽湿地

中国沼泽湿地的保护

　　我国在认识到生态环境的重要性之后，就已经开始推动湿地保护的规划和执行工作。1992年中国加入《湿地公约》后，积极开展湿地保护工作。国家林业局（现国家林业和草原局）专门成立了《湿地公约》履约办公室，负责推动湿地保护的规划和执行工作。在经历了众多法律法规的制定与湿地工程规划推动之后，我们国家的湿地保护变得越发专业与完善。

湿地大事件

　　1992年，中国加入《湿地公约》。

　　20世纪90年代中期，开始了为期6年的全国湿地资源调查。

　　中国加入国际《湿地公约》后，由国家林业局（现国家林业和草原局）牵头，外交部、国家计划委员会、财政部、农业农村部、水利部等17个部委共同参与制定《中国湿地保护行动计划》，并于2000年11月8日正式发布。《中国湿地保护行动计划》是根据实际情况而制定的湿地保护和利用的具体纲要。

2001年，中国启动六大林业重点工程，将湿地保护作为主要内容之一。

2002年，中国组织"中国可持续发展林业战略研究"，将湿地保护作为一个重大战略问题进行系统研究。

2002年8月，国家林业局（现国家林业和草原局）《湿地公约》履约办公室、国际湿地公约局和世界自然基金会（WWF）在乌鲁木齐举行高原湿地国际研讨会，与来自尼泊尔、不丹、吉尔吉斯斯坦的代表共同研讨了喜马拉雅地区的高原湿地保护问题，并于2002年11月在《湿地公约》第八届缔约方大会上通过了相关决议。

从2003年8月起，中国采用3S（遥感、地理信息系统、全球定位系统）技术对湿地进行首次全国湿地资源调查，当年完成，并确定此后每5年重新调查一次。

2004年2月，经国务院批准，国家林业局（现国家林业和草原局）公布了《全国湿地保护工程规划》。按照规划，从2004年到2010年要划建湿地自然保护区90个，投资建设湿地保护区225个。其中，重点建设国家级保护区45个，建设国际重要湿地30个，湿地恢复71.5万公顷，恢复野生动物栖息地38.3万公顷，建立湿地可持续利用示范区23处等。按照规划，到2030年，中国将完成湿地生态治理恢复140万公顷，建成53个国家湿地保护与合理利用示范区，全国湿地保护区达到713个，国际重要湿地达到80个，90%以上天然湿地得到有效保护，湿地生态系统的功能和效益得到充分发挥，实现了湿地资源的可持续利用。

2021年1月20日，湿地保护法草案首次提请全国人大常委会会议审议。此外，28个省（自治区、直辖市）

保护利用双管齐下，修复旅游共谋发展——生命共同体先后出台了湿地保护法规。国家和省级层面制定了《湿地保护修复制度方案》和实施方案，确立了湿地保护管理顶层设计的"四梁八柱"。湿地保护法明确了湿地的定义和统筹协调与分部门管理的管理体制，建立了部门间湿地保护协作和信息通报机制，实现了历史性突破，解决了困扰我国湿地管理数十年的湿地概念和管理体制问题。

沼泽湿地保
护对策

保护利用双管齐下，修复旅游共谋发展
——生命共同体

面对沼泽湿地保护目前存在的主要威胁和问题，坚持保护优先、自然恢复为主的原则，通过切实可行的保护修复措施和完善的监督管理体制机制，全面维护和提升沼泽湿地生态服务功能。

严格沼泽湿地生态空间管护

推进全国沼泽湿地资源调查评价，摸清沼泽湿地的分布、大小、功能、受威胁程度等基本情况，在此基础上，划定沼泽湿地生态空间和生态红线保护范围，严格落实生态保护红线制度，强化负面清单管理，实施严格沼泽湿地生态空间用途管制，制定明确管控目标和措施，合理设立沼泽湿地相关资源利用的强度和时限，避免对其生态要素、生态过程、生态服务功能等方面造成破坏。

加大沼泽湿地生态需水保障力度

科学确定沼泽湿地生态需水量，特别是西北重要内陆沼泽湿地的生态需水量。加强生态需水量配置和管理，通过调水引流、生态调度等措施，保障塔里木河、黑河、石

219

羊河等重要河流和新疆艾比湖等重要湖泊的生态需水，重点保障枯水期生态水流。积极推进水资源过度开发地区退减被挤占的河道内生态环境水量，积极实施流域水库群联合调度，保障全流域生态需水量。

积极开展气候变化减缓和应对研究

整理分析沼泽湿地演变与气候变化关系，开展气候变化对沼泽湿地影响机理、影响范围研究，预测未来气候变化对沼泽湿地影响，在此基础上，针对不同区域、不同类型沼泽湿地，提出减缓和应对措施。加强沼泽湿地退化与气候变化宣传教育，提高公众对沼泽湿地的保护意识。

建立健全沼泽湿地保护体制机制

根据沼泽湿地生态功能重要程度，将全国沼泽湿地划分为不同级别，并实施分级分类精细管理。结合国家公园建设，坚持保护中开发、开发中保护的原则，加强沼泽湿地保护。完善沼泽湿地保护修复监督考核机制，责任追究机制。完善沼泽湿地监测网络，加强沼泽湿地面积变化、生态系统健康等方面的监测以提高生态风险预估能力，防止生态系统特征发生不良变化。

保护利用双管齐下，修复旅游共谋发展
——生命共同体

在许多人的印象中，沼泽是死亡之地。但事实上，沼泽湿地是湿地中一类重要的存在，在地球生态系统中拥有举足轻重的地位。

沼泽是危险而又充满着资源和机遇的地方。旧时的中国黑龙江北部地区被称为北大荒，自古以来就是蛮荒之地，荆棘丛生，风雪肆虐，野兽成群，人迹罕至，寒冷、偏僻、荒蛮；但是同时，这里也有"捏把黑土冒油花，插双筷子也发芽""棒打狍子瓢舀鱼，野鸡飞到饭锅里"的俗语，可见其自然资源之丰富。这里土壤有机质丰富，地表江河纵横，地下有珍贵的矿产资源，煤、铁、铜、金、石油等矿产也是一应俱全，野生动物资源也极其丰富，是名副其实的风水宝地。

新中国成立后，国家对"北大荒"进行了有组织的开发，数万名解放军复员官兵、知识青年和革命干部怀着壮志豪情来到这里，爬冰卧雪，排干沼泽，将"北大荒"建设成了"北大仓"，成为我国重要的粮食生产基地。

但是，由于过量开垦，湿地面积减少了80%，大量稀有动物失去栖息地，还引起了很多生态问题，例如，干旱、土地有机质营养成分过度流失。随着人们生态意识的提高，这里开始进行"退耕还湿"，即把原本开荒耕作的土地重新变回湿地。

　　但是一定程度上，这又损失了粮食产地。如何在生态保护和经济发展之间找到平衡点呢？这就需要坚持可持续发展。

泥炭沼泽的可持续利用

保护利用双管齐下，修复旅游共谋发展
——生命共同体

泥炭："神奇"宝贝，"双碳"利器

泥炭藓沼泽是一种景观独特的湿地类型，多分布于北半球的温带到极地地区，在我国，泥炭藓沼泽主要发育在大、小兴安岭和长白山等地，在亚热带山地也有小面积零星分布，如西山、黄山、神农架和云贵高原山地的洼地和湖泊中。

全世界沼泽地的泥炭层平均每年增长1毫米，可以吸收1.5至2.5亿吨二氧化碳。日积月累，储存了世界上约1/3的碳源。这些碳主要是由独特的泥炭藓属植物创造的，这些植物固定的碳比全球所有的陆生植物所固定的碳都要多。泥炭保水蓄水能力极强，在雨季，泥炭可以像海绵一样把水全部吸收，达到饱和，而等到旱季，泥炭又可以慢慢把水再释放出来。作为黄河上游的蓄水池，若尔盖湿地的泥炭发挥着重要作用。泥炭在碳汇、涵养水源、调节气候、补充地下水等方面发挥着重大作用，可以说是最重要的"泥团子"。

泥炭的广泛用途和保护

泥炭是不可再生的矿产资源，积累1米厚的泥炭层，一般需要数千年至上万年的时间。因此，必须合理开采和节约利用。我国的泥炭资源总量为46.87亿吨，微酸性、中分解、高腐殖酸和中有机质是泥炭的主要特点。

但是由于多年来和多数地区泥炭农用产品的技术含量低，加工粗放，质量不稳定，生产经营利润低。作为湿地资源的重要组成部分，泥炭沼泽是陆地生态系统中的重要碳库，单位面积碳储量在各类陆地生态系统中最高，在调节区域环境等方面具有重要作用。保护泥炭沼泽，是我国应对全球气候变化、实现"双碳"目标的重大举措。因此，在2022年6月1日正式实施的《中华人民共和国湿地保护法》中，禁止在泥炭沼泽湿地开采泥炭或者擅自开采地下水。

泥炭中的细菌

研究表明，泥炭沼泽不仅仅拥有巨大的碳储量，而且因为在高寒气候下孕育，形成了非常独特的嗜冷菌。近年来，各国学者在嗜冷菌的多样性、嗜冷菌种群数量的时空变化和系统发育方面开展了大量研究工作，并从中获得了许多有价值的嗜冷菌新种群。若尔盖高原泥炭沼泽土中存在丰富的低温菌类群，在酶学生物技术上具有潜在应用价值。

　　沼泽中蕴藏着丰富的生物资源，这些资源可再生性强，科学合理地开发这些资源，是发展各种经营、提高地方经济的重要途径。

　　沼泽经济植物丰富，有食用植物、药用植物、纤维植物、芳香植物、蜜源植物等。可因地制宜地加以合理的采集和加工利用，也可以市场为导向进行引种，发展生态保育型效益经济。

药用植物和芳香植物

　　在中国丰富多彩的药用植物宝库中，有许多中草药材是从沼泽和沼泽化草甸上生长出来的，这些药用植物，就其数量来说虽不及草原和森林之多，但只能在沼泽或沼泽化生境中才能找到它们，所以沼泽和沼泽化草甸也是中国药用植物的生产基地之一。据不完全统计，沼泽药用植物约有250多种，种类多，药效也是多方面的，常见的植物如芦苇、香蒲、黑三棱、水蓼均可入药。芦苇科全株入药，具有清热利尿、生津止渴的功效。而泥炭沼泽中的宝贝泥炭藓类植物，也是可以全株入药的，具有清热消肿、

芦根是常见的中药

明目退翳之功效。在积水较深的地段，还经常伴生有水生药用植物，如槐叶萍、两栖蓼、萍蓬草、睡莲、荇菜、眼子菜和欧菱等。

沼泽区的芳香植物有薄荷、杜香等。薄荷含挥发油，可供提取薄荷油和薄荷脑，制芳香油剂。杜香的叶、枝、果实均含有芳香油，枝、叶可入药。

由于很多沼泽湿地的交通不发达，宣传不够重视，药用植物和芳香植物资源没有得到充分利用。随着我国各项自然资源的可持续开发，沼泽药用植物也正逐渐走向市场。

纤维植物：芦苇生产基地

沼泽中生长着大量的野生纤维植物，特别是芦苇。芦苇生长迅速，每年都能收割，是我国的重要工业原料，在造纸工业中有着举足轻重的地位。

但是，在芦苇制纸浆时，需要蒸煮、漂白，常常排出大量的废水、废气，让芦苇渐渐退出了造纸的舞台。芦苇无人收割，残体倒伏水中，腐烂后污染水体，引起富营养化。基于此，经过不断的研究和创新，在湖南省常德市安乡县，兴建了一座年产5万立方米的人造板厂，使用芦苇建造人造板，还利用废料生成生物燃料，既解决了芦苇造成的污染问题，又能减少树木板材和化石燃料的使用，可谓一举两得。

稻—苇—鱼复合生产

沼泽可以被改造成良田，也是鱼类栖息、繁殖的良好场所。三江平原沼泽区建设了"稻—苇—鱼"复合生态系统，在鱼池的水给稻田提供有机肥料的同时，稻田生长的浮游植物可为养鱼池和苇田的鱼提供上等饵料。而苇田具有净化水质的功能，可以为稻田、鱼池提供无毒、无污染的水源，芦苇吸收、富集了水中的有毒物质和土壤中的重金属后成为工业原料，脱离了整个食物性，从而消除了对人类的威胁。同时，芦苇地下茎发达，可以有效防止沼泽表层的土壤侵蚀和水土流失。

吉林省白城市镇赉县嘎什根乡创业村，绿色稻田一眼望不到头。曾经这里大多数的土地是白花花的盐碱地，30年来，经过筛选培育耐盐碱的品种，讲解种植技术和操作规程，建立盐碱地水田开发种稻基地，更新栽培技术，并发展苇–蟹（鱼）–稻复合生态工程，如今芦苇塘湿地集中连片，鱼蟹肥美，成为远近闻名的鱼米之乡和休闲旅游胜地。

中国可持续发展路径

　　可持续发展最早出现于1980年国际自然保护同盟的《世界自然资源保护大纲》："必须研究自然的、社会的、生态的、经济的以及利用自然资源过程中的基本关系，以确保全球的可持续发展。"在中国，可持续发展战略已经成为一个广泛应用的概念。可持续发展不是代表不发展、不利用，而是从注重眼前的、局部的利益发展转向长期利益、整体利益的发展。

　　为了做好沼泽的可持续发展，必须要坚持保护和利用相结合的原则，保护优先，牢记"绿水青山就是金山银山"。要严格控制沼泽开发的规模，控制地下水和泥炭等资源的开采，保证可持续利用，重点修复已经被破坏了的沼泽。另外，需要制定相关的法律法规，全国统一保护，大力宣传可持续的复合生产模式，不竭泽而渔。

沼泽湿地
生态修复

保护利用双管齐下，修复旅游共谋发展——生命共同体

生态修复的定义

目前，很多沼泽都遭受了自然和人为破坏，对当地的生态环境产生了不良影响。生态修复是在生态学原理指导下，以生物修复为基础，结合各种物理修复、化学修复以及工程技术措施，通过优化组合，使之达到最佳效果和最低耗费的一种综合的修复污染环境的方法，也就是通过自然和人为的措施修复生态。

自然恢复法

沼泽修复的基础是要尊重湿地本身的生态过程。研究表明，在一些泥炭沼泽地区，只要填平排水渠，几年后就能长出芦苇、苔藓和薹草，重新生长出泥炭。在没有被破坏生态系统的地区，恢复沼泽并不需要人为的太多干预。对于破坏程度没有超过自然系统自我恢复限度的湿地生态系统，较有效的就是自然恢复。

人工干预的生态修复

对于强度或极强度干扰形成的退化山地沼泽，必须采用人工恢复方式保证退化的沼泽湿地在较短时间内恢复生态系统。例如，采矿等巨大的人为干扰、已经导致出现严重的盐碱化、生物入侵、地下水严重减少等问题，就要采取各种人工工程改善环境，以恢复沼泽。

松嫩平原西部拥有着广阔的沼泽湿地，近几十年来，由于气候不断变暖，人类活动加剧，如盲目开垦、过度放牧以及不合理水利工程等带来的负面效应，使盐碱化程度整体上加重，而且盐碱化面积在不断扩大，严重威胁该区的生态安全和农牧业经济的发展。究其根本原因，土地盐碱化是在蒸发量大于降水量时，地下水蒸发，其中的盐分聚集在地面产生的。要治理沼泽盐碱化，就要平整土壤，对土壤进行水文控制，排水洗盐，然后再栽植一些抗盐碱的植物。经过以上的步骤，可以使退化的沼泽湿地得到恢复，减缓沼泽湿地的退化，抑制土壤盐碱化的过程，提高植被覆盖率，为鸟类提供更多的食物，带来良好的生态和环境效益。

2019年3月，海南东寨港国家级自然保护区湿地生态修复工程项目启动，以生物多样性恢复为主，适度人工干预，利用乡土植物恢复红树林湿地生态系统。通过植物群落搭配、动物栖息地营造、生态环境治理，新造红树林130公顷、修复180公顷，有效修复了东寨港海岸线及沿岸红树林生态系统，为候鸟迁徙提供了越冬栖息生境与停歇地。

生态旅游

旅游业被认为是20世纪世界上经济增长最快的产业。生态旅游是可持续旅游的基石，是生态学向纵深层次推进而拓展的新领域，也是旅游活动多样化、高级化而萌生的新兴旅游体系。这是一个时尚的新词，生态旅游以生态学思想为设计依据，以大自然为舞台，蕴含着科学文化知识，让人们游中有所得。

湿地生态旅游是一种以吸收自然和文化知识为取向的具有专门目的的特种旅游，在游客可以学到知识，提高保护意识的同时，湿地也可以实现创收。

沼泽具有独特和丰富的旅游资源，原始沼泽绿草如茵，繁花似锦，河道蜿蜒，风光秀丽。大庆龙凤湿地自然保护区地处松嫩平原腹地，是目前为数不多的保存完整的芦苇沼泽湿地之一，是黑龙江省大庆市辖区内保留比较完整的淡水沼泽生态系统，动植物资源非常丰富。在保护区开展湿地生态旅游，组织观鸟、观光等生态旅游活动，能有效促进经济发展，增强人们保护环境的意识。但是，在大力发展生态旅游的同时，必须以保护沼泽生态系统及珍禽栖息环境为前提，全面规划沼泽旅游区的开发计划，坚持有限开放、强化管理，它不但要满足当代人的旅游需求，也要为子孙后代保留足够的旅游空间、良性的环境和景物，使之可持续利用。

（执笔人：王玉玉、文波龙）

保护利用双管齐下，修复旅游共谋发展
——生命共同体

参考文献

白军红,欧阳华,徐惠风,等.青藏高原湿地研究进展[J].地理科学进展,2004,23(4): 1-9.

柴岫,邱惠卿,金树仁.沼泽学的对象与任务[J].东北师范大学报(自然科学版),1963(1): 125-135.

常利伟.白洋淀湖群的演变研究[D].东北师范大学,2014.

陈国栋,张超.天然宝库湿地[M].济南:山东科学技术出版社,2016.

陈建伟.多样性的中国湿地[M].北京:中国林业出版社,2014.

陈克林,张小红,吕咏.气候变化与湿地[J].湿地科学,2003(1): 73-77.

陈维社.阿勒泰地区湿地及其保护[J].新疆林业,2013(4): 21-22.

陈宜瑜.中国湿地研究[M].吉林:吉林科学技术出版社,1995.

褚银.不能忘记长征中的两个重要会议[J].国防,2016(10): 17-21.

崔丽娟,雷茵茹.保护湿地,给野生动植物一个安稳的家[Z].中国社会科学网.

崔丽娟,王义飞,张曼胤,等.国家湿地公园建设规范探讨[J].林业资源管理,38(2): 17-20.

崔倩.增温对大兴安岭多年冻土区泥炭地氮氧化物排放的影响研究[D].长春:中国科学院大学(中国科学院东北地理与农业生态研究所),2017.

邓睿清.白洋淀湿地水资源——生态—社会经济系统及其评价[D].保定:河北农业大学,2011.

杜以鑫.小兴安岭沼泽湿地景观演变动态模拟研究[D].哈尔滨:哈尔滨师范大学,2021.

伏鸿峰,闫伟,陈晶晶.内蒙古大兴安岭林区森林碳储量及其动态变化研究[J].干旱区资源与环境,2013,27(9): 5.

高芬.白洋淀生态环境演变及预测[D].保定:河北农业大学,2008.

辜运富,郑有坤,王宪斌,等.若尔盖高原泥炭沼泽土嗜冷细菌系统发育分析[J].湿地科学,2014,12(5): 631-637.

顾炳枢.鹤舞高原隆宝湖[J].科学与文化,2005(9): 20-21.

郭俊光,唐志强.南瓮河国家级自然保护区湿地资源与功能评价分析[J].内蒙古林业调查设计,2008 (5): 11-14.

郭来喜.中国生态旅游——可持续旅游的基石[J].地理科学进展,1997,16(4): 1-10.

郭旭.黑龙江省扎龙国家级重要湿地监测及保护对策[J].林业勘察设计,2020.49(3): 3.

国家林业局.中国湿地资源:总卷[M].北京:中国林业出版社,2015.

国家林业局.中国湿地资源.河北卷[M].北京:中国林业出版社,2015.

海沙尔·阿那斯.白斑狗鱼养殖过程中的关键因素[J].中国水产,2006(9): 47-48.

韩智献，仝川，刘白贵，等.干旱叠加海平面上升、氮负荷增加对河口潮汐沼泽生态系统净CO_2交换的影响[J].生态学报，2022（11）：1-11.

何春光，盛连喜，郎惠卿，等.向海湿地丹顶鹤迁徙动态及其栖息地保护研究[J].应用生态学报，2004，15(9)：1523-1526.

河北省地方志纂委员会.河北省志：第3卷[M].河北：河北科学技术出版社，1993.

胡海清，罗碧珍，罗斯生，等.大兴安岭南瓮河落叶松—白桦混交林地表可燃物含水率[J].生态学杂志，2019 (05)：1314-1321.

胡静，罗晓庆，李丹，等.悠悠红军长征路 高原绿洲若尔盖[J].中国西部，2015(31)：12-13.

胡静.弘扬红军长征新精神 助推草原发展新跨越——专访中共四川省若尔盖县委书记泽尔登[J].中国西部，2015(31)：14-17.

胡雷，吴新卫，周青平，等.若尔盖湿地生态系统服务功能：研究现状与展望[J].西南民族大学学报：自然科学版，2016，42(3)：246-254.

胡志刚.洪河湿地，飘落在天边的净土[J].黑龙江画报，2014-10-25.

黄锡畴，马学慧.我国沼泽研究的进展[J].海洋与湖沼，1988(05)：499-504.

黄锡畴.沼泽生态系统的性质[J].地理科学，1989(2)：97-104，195.

霍少轩，刘向阳.白洋淀的"打苇"季[N].河北经济日报，2019-1-15(7).

霍宗政.谈谈沼泽及其观测[J].水文月刊，1959(9)：26-29.

姜明，薛振山，宋开山.黄河流域沼泽湿地景观变化及其保护策略[J].民主与科学，2021，(03)：28-32.

金华.嫩江县渔业资源现状及发展规划[J].黑龙江水产，2017，(04)：11-13.

李博.白洋淀湿地典型植被芦苇生长特性与生态服务功能研究[D].河北大学，2010.

李成一.退化高寒湿地CO_2交换特征及其影响因子研究[D].西宁：青海大学，2021.

李国英.21世纪我国水利发展的生态观[J].水利规划与设计，2001(1)：17-20.

李虹娇，于立娟.黑龙江省嫩江水域渔业生态环境的分析[J].黑龙江水产，2019(6)：16-17.

李金晶，任小凤，董莹莹.若尔盖湿地年径流序列趋势识别研究[J].水利规划与设计，2014(7)：50-52.

参考文献

李经伟. 白洋淀水环境质量综合评价及生态环境需水量计算 [D]. 保定: 河北农业大学, 2008.

李静, 尹澄清, 王为东, 等. 芦苇湿地根孔系统特征及其磷去除机理研究 [J]. 湿地科学, 2009, 7(3): 273-279.

李娜, 丁晨晨, 曹丹丹, 等. 中国阿勒泰地区鸟类物种编目, 丰富度格局和区系组成 [J]. 生物多样性, 2020, 28(4): 11.

李晓宇, 刘兴土, 李秀军, 等. 湿地生态农业建设及发展: 以"苇—鱼—蟹—菇"模式为例 [J]. 湿地科学, 2021, 19(1): 106-109.

李雪健, 贾佩尧, 牛诚祎, 等. 新疆阿勒泰地区额尔齐斯河和乌伦古河流域鱼类多样性演变和流域健康评价 [J]. 生物多样性, 2020, 28(4): 13.

李亚鹏. 白洋淀的水环境质量与保护对策研究 [D]. 保定: 河北农业大学, 2006.

林春英. 基于土壤碳氮的黄河源高寒沼泽湿地退化过程与机理研究 [D]. 西宁: 青海大学, 2021.

林建才. 青海省玉树隆宝国家级自然保护区生物多样性保护浅析 [J]. 吉林林业科技, 2003(04): 37-40.

刘春兰. 白洋淀湿地退化与生态恢复研究 [D]. 石家庄: 河北师范大学, 2004.

刘芳. 芦苇湿地对污水中氮磷的净化能力研究 [D]. 保定: 河北农业大学, 2004.

刘立华. 白洋淀湿地水资源承载能力及水环境研究 [D]. 保定: 河北农业大学, 2005.

刘巧梅. 红军长征中的思想政治教育——思想政治教育史上一颗璀璨的明珠 [J]. 法制与社会, 2017(3): 233-234.

刘小园, 刘希胜. 青海省湿地面积变化特征及成因分析 [J]. 人民黄河, 2021, 43(08): 5-90, 101.

刘兴土, 邓伟, 刘景双. 沼泽学概论 [M]. 长春: 吉林科学技术出版社, 2005.

刘兴土, 等. 中国主要湿地区湿地保护与生态工程建设 [M]. 北京: 科学出版社, 2017.

刘晏良. 阿勒泰生态环境 [M]. 北京: 中国环境科学出版社, 2010.

刘雁, 刘吉平, 盛连喜. 松嫩平原半干旱区湿地变化与局地气候关系 [J]. 中国科学技术大学学报, 2015(8): 655-664.

刘子刚, 马学慧. 中国湿地概览 [M]. 北京: 中国林业出版社, 2008.

刘子刚, 王铭, 马学慧. 中国泥炭地有机碳储量与储存特征分析 [J]. 中国环境科学, 2012, 32(10): 1814-1819.

龙泉, 许国海. 隆宝湖: 青藏高原的生命圣地 [J]. 森林与人类, 2007(7): 74-89.

隆宝滩: 高原湿地的守护 [N]. WWF熊猫自然学堂, 2019-08-06.

罗磊. 青藏高原湿地退化的气候背景分析 [J]. 湿地科学, 2005, 3(3): 190-199.

吕宪国, 邹元春编著. 中国湿地研究 [M]. 长沙: 湖南教育出版社, 2017.

马广礼, 张巧莲, 郑俊霞. 亚热带泥炭藓沼泽生态学研究概述 [J]. 安徽农业科学, 2012, 40(13): 2.

马广仁. 中国国际重要湿地生态系统评价 [M]. 北京: 科学出版社, 2016.

马学慧, 牛焕光. 中国的沼泽 [M]. 北京: 科学出版社, 1991.

孟焕. 气候变化对三江平原沼泽湿地分布的影响及其风险评估研究 [D]. 长春: 中国科学院研究

生院 (东北地理与农业生态研究所), 2016.

孟宪民, 崔保山, 邓伟, 等. 松嫩流域特大洪灾的醒示: 湿地功能的再
认识 [J]. 自然资源学报, 1999(1): 15-22.

牛振国, 张海英, 王显威, 等.1978—2008 年中国湿地类型变化 [J]. 科
学通报, 2012, 57(16): 1400.

努尔巴依·阿布都沙力克, 叶勒波拉提·托流汉, 孔琼英. 阿勒泰地
区沼泽湿地调查研究 [J]. 乌鲁木齐职业大学学报, 2008(1): 6.

欧阳志云, 赵同谦, 王效科, 等. 水生态服务功能分析及其间接价值
评价 [J]. 生态学报, 2004(10): 2091-2099.

彭文宏. 大兴安岭永久冻土区森林沼泽湿地碳储量研究 [D]. 哈尔滨:
东北林业大学, 2019.

任健滔. 南瓮河自然保护区生态旅游资源评价与开发策略研究 [D].
哈尔滨: 东北农业大学, 2012.

神祥金, 姜明, 吕宪国, 等. 中国草本沼泽植被地上生物量及其空间
分布格局 [J]. 中国科学: 地球科学, 2021, 51(8): 1306-1316.

师君, 张明祥. 东北地区湿地的保护与管理 [J]. 林业资源管理,
2004(6): 4.

孙广友. 中国湿地科学的进展与展望 [J]. 地球科学进展, 2000(6):
666-672.

孙玉英. 阿勒泰地区野生鱼类资源调查 [J]. 农业与技术, 2013, 33(8): 1.

田润炜, 蔡新斌, 江晓珩, 等. 新疆阿勒泰科克苏湿地自然保护区生
态服务价值评价 [J]. 湿地科学, 2015(4): 4.

万晓丽, 宋增文. "沼泽 (澤)"来源考——兼论词语引进的本土化
[J]. 汉字汉语研究, 2019(3): 40-48, 127.

王芳, 高永刚, 姜春艳. 黑龙江省七星河湿地近 50 年气候变化特征分
析 [J]. 安徽农业科学, 2010, 38(21): 11563-11565.

王凤丽. 国家生态保护丛书 国家自然保护区卷下 [M] 北京联合出版
公司, 2015.

王化群. 中国沼泽可持续利用的对策 [J]. 中国地理学会 2007 年学术
年会论文摘要集, 2007.

王继丰, 刘赢男, 王建波, 等. 黑龙江洪河国家级自然保护区小叶章
植被种子植物区系特征研究 [J] 国土与自然资源研究, 2018(04): 90-91.

王雷. 基于水热平衡的长白山西坡苔原带植物群落分布格局研究
[D]. 沈阳: 东北师范大学, 2017.

王强, 吕宪国. 鸟类在湿地生态系统监测与评价中的应用 [J]. 湿地科

学, 2007, 5(3): 274-281.

王学雷, 吕晓蓉, 杨超. 长江流域湿地保护、修复与生态管理策略 [J]. 长江流域资源与环境, 2020, 29(12): 26, 47-54.

王永财, 侯鹏, 万华伟, 等. 黄河流域湿地状况监测与分析 [J]. 环境生态学, 2021, 3(3): 1-7.

魏强, 杨丽花, 刘永, 等. 三江平原湿地面积减少的驱动因素分析 [J]. 湿地科学, 2014, 12(6): 766-771.

吴兴华, 杨国伟, 沙剑斌. 保山市泥炭沼泽现状及保护管理对策 [J]. 林业调查规划, 2018, 43(3): 173-7.

武海涛, 芦康乐, 于凤琴, 等. 三江平原: 中国最大沼泽群 [J]. 森林与人类, 2018(12): 34-39.

武海涛, 杨萌尧, 于凤琴, 等. 大兴安岭的冻土沼泽 [J]. 森林与人类, 2018(12): 6.

郗敏, 刘红玉, 吕宪国. 流域湿地水质净化功能研究进展 [J]. 水科学进展, 2006(4): 566-573.

谢沛岑. 盘锦市红海滩生态旅游发展对策研究 [D]. 吉林: 北华大学, 2021.

邢宇, 姜琦刚, 李文庆, 等. 青藏高原湿地景观空间格局的变化 [J]. 生态环境学报, 2009, 18(3): 1010-1015.

熊远清, 吴鹏飞, 张洪芝, 崔丽巍, 何先进. 若尔盖湿地退化过程中土壤水源涵养功能 [J]. 生态学报, 2011, 31(19): 5780-5788.

许林书, 姜明. 莫莫格保护区湿地土壤均化洪水效益研究 [J]. 土壤学报, 2005(1): 159-162.

许秀梅. 多布库尔自然保护区浮游植物时空分布及水质评价 [D]. 哈尔滨: 东北林业大学, 2017.

薛秀青. 河北省红色旅游资源评价与开发研究 [D]. 秦皇岛: 燕山大学, 2013.

杨富亿, 李秀军, 刘兴土, 等. 松嫩平原退化芦苇湿地恢复模式. 湿地科学, 2009, 7(4): 306-313.

杨富亿. 盐碱湿地生态恢复与渔业利用. 长春: 吉林科学技术出版社, 2015.

杨军红. 红军长征影响的几点思考 [J]. 党史文苑, 2017, (20): 30-32.

杨乐, 何莹, 李东宾, 等. 旱化对浙江山地沼泽湿地土壤与植物碳氮磷含量的影响 [J]. 应用生态学报, 2021: 1-9.

杨旭东, 胡金贵, 李晔, 等. 内蒙古汗马国家级自然保护区鸟类多样性调查 [J]. 四川动物, 2014(6): 7.

杨永兴, 刘兴土. 三江平原沼泽区 "稻—苇—鱼" 复合生态系统生态效益研究 [J]. 地理科学, 1993, 13(1): 41-48.

杨卓. 白洋淀底泥现状评价及在芦苇生境下演变机理研究 [D]. 保定: 河北农业大学, 2006.

姚檀栋, 余武生, 杨威, 等. 第三极冰川变化与地球系统过程 [J]. 科学观察, 2016, 11(6): 55-57.

殷亚杰, 聂春雨, 袁改霞, 等. 大庆龙凤湿地自然保护区生态旅游开发与资源保护 [J]. 大庆师范学院学报, 2008, 28(5): 4-131.

殷志强, 秦小光, 刘嘉麒, 等. 扎龙湿地的形成背景及其生态环境意义 [J]. 地理科学进展, 2006, 25(3): 32-38.

印瑞学, 张敬, 李东亮. 内蒙古大兴安岭鱼类 [J]. 内蒙古林业调查设计, 2001(1): 36-38.

袁勇，黄火键，邢子强，王鼎，赵钟楠，田英.我国沼泽湿地面临威胁及保护措施探讨[J].水利规划与设计，2019(10): 6-8, 14.

张慧.三江平原沼泽土壤微节肢动物群落结构对增温的响应特征[D].长春：中国科学院大学(中国科学院东北地理与农业生态研究所)，2020.

张培.白洋淀湿地价值评价[D].保定：河北农业大学，2008.

张人禾，苏凤阁，江志红，等.青藏高原21世纪气候和环境变化预估研究进展[J].科学通报，2015, 60(32): 3036-3047.

张玮，王为东，王丽卿，张瑞雷，陈庆华.嘉兴石白漾湿地冬季浮游植物群落结构特征[J].应用生态学报，2011, 22(9): 2431-2437.

张文广，刘波，佟守正.平原区盐碱退化沼泽湿地的综合恢复方法[P].中国，CN102845156 A，2013.

张喜亭，张建宇，肖路，等.大兴安岭多布库尔国家级自然保护区植物多样性和群落结构特征[J].生态学报，2022, 42(1): 176-185.

张阳武，赵天力，蔡体久，等.小兴安岭山地沼泽湿地退化生态系统恢复技术研究[J].林业资源管理，2009 (5): 73.

张寅，闫凯，刘钊，基于CRU数据的1901—2018年全球陆表气温时空变化特征分析[J].首都师范大学学报：自然科学版，2020, 41(6): 51-58.

章光新，郭跃东.嫩江中下游湿地生态水文功能及其退化机制与对策研究[J].干旱区资源与环境，2008(1): 122-128.

兆宁，苏朔，杜博，等.扎龙湿地丹顶鹤繁殖栖息地的选择及扩散[J].自然资源学报，2021, 36(8): 12.

赵德祥.我国历史上沼泽的名称、分类及描述[J].地理科学，1982(1): 83-86.

赵魁义.中国沼泽志[M].北京：科学出版社，1999.

郑度.中国的青藏高原[M],北京：科学出版社，1985.

郑越馨.嫩江流域湿地生态退化及其水文驱动机制研究[D].哈尔滨：黑龙江大学，2020.

中国科学院三江平原沼泽湿地生态试验站[J].中国科学院院刊，2017, 32(01): 96-97, 2.

中国水产科学研究院黑龙江水产研究所，黑龙江省水产总公司.黑龙江省渔业资源[M].牡丹江：黑龙江朝鲜民族出版社，1985.

周华坤，肖锋，周秉荣.青海省湿地资源现状、问题和保护策略[J].青海科技，2021, 28(2): 21-26.

参考文献

237

祝廷成. 中国长白山高山植物 [M]. 北京: 科学出版社. 1999.

邹红菲. 扎龙保护区繁殖期鸟类栖息地利用空间偏好分析 [J]. 东北师大学报: 自然科学版, 2017, 49(3): 7.

AMANO T, TAMÁS SZÉKELY, KOYAMA K, et al. A framework for monitoring the status of populations: An example from wader populations in the East Asian-Australasian flyway[J]. Biological Conservation, 2010, 143(9): 2238-2247.

AN Y, GAO Y, ZHANG Y, et al. Early establishment of Suaeda salsa population as affected by soil moisture and salinity: Implications for pioneer species introduction in saline-sodic wetlands in Songnen Plain, China [J]. Ecological Indicators, 2019, 107.

AN Y, SONG T, ZHANG Y, et al. Hydrobiologia. Optimum water depth for restoration of Bolboschoenus planiculmis in wetlands in semi-arid regions [J]. 2022, 849(1): 13-28.

BAI J S, TANG H R, CHEN F Y, et al. Aquatic Botany. Functional traits response to flooding depth and nitrogen supply in the helophyte Glyceria spiculosa (Gramineae) [J]. 2021, 175: 103449.

GORHAM E. Northern Peatlands: Role in the Carbon Cycle and Probable Responses to Climatic Warming [J]. Ecological Applications, 1991, 1(2).

SHEN X J, LIU B H, JIANG M, LU X G. Marshland loss warms local land surface temperature in China[J]. Geophysical Research Letters, 2020, 47(6).

WEN B L, LIU X T, LI X J, YANG F Y, LI X Y. 2012. Remediation and Rational Use of Degraded Saline Reed Wetlands: A Case Study in Western Songnen Plain, China. Chinese Geographical Science. 22(2): 167-177.

WEN B L, LI X Y, YANG F Y, et al. 2017. Growth and physiological responses of Phragmites australis to combined drought-flooding conditions in inland saline-alkaline marsh, Northeast China. Ecological Engineering, 108: 234-239.

Abstract

China's vast territory, complex landscape, numerous rivers and lakes, and diverse climate provide unique natural conditions for the formation and development of various organisms and different types of ecosystems, making China one of the countries with the richest biodiversity in the world. Wetlands, along with forests and oceans, are known as the three major ecosystems of the earth, and are an important natural resource as well as one of the most important environments for human survival. China is one of the countries in the world with a full range of wetland types and abundance. The protection of the wetlands is of great significance to the maintenance of China's land ecological security and social economic sustainable development.

Marsh is the most important type of wetlands, According to statistics, the global marsh area accountes for about 85% of the total area of natural wetlands, China's marsh wetland area also reached 40% of the total area of wetlands. The definition of marsh wetland can be summarized as follows: marsh is a special natural complex with the nature of land and water transition, influenced by fresh or brackish water and salt water, of which surface is perennially too wet or has a thin layer of standing water, growing with marsh and some wet, aquatic or saline plants, with peat accumulation or no peat accumulation but only grass root layer and humus layer, but the soil profile in all the sections have obvious submerged layer.

The marsh itself, as an objective entity and natural landscape, has existed for a long time and has been recorded in Chinese history books throughout the ages. For a long time, due to the lack of understanding of marsh wetlands, marsh has been regarded as a "useless place" where mosquitoes breed and diseases originate, giving people an impression of desolation, danger and fear. The world-famous 25,000-mile Long March of the Chinese Workers and Peasants Red Army had the arduous course of "climbing snowy mountains and crossing grasslands", where dangerous "grasslands" that the Red Army crossed back then were actually marsh wetlands with water accumulating all year round.

The total area of marsh wetlands in China is the third largest in the world, concentrated in the Northeast Plain, the large and small Xinganling Mountains and the Qinghai-Tibet Plateau area. Due to the unusually complex geomorphological conditions in China, the natural geographic environment is very different, water and heat conditions vary from region to region, resulting in differences in the development of marshes, different areas, different sections of the ecological characteristics of marshes have their own characteristics, forming a wide range of marsh types, of which herbaceous marshes are most widely distributed.

With the improvement of science and technology, people are more and more aware of the uniqueness and importance of marsh wetlands as the research on marsh wetlands continues to intensify. Compared with lakes, rivers and other wetland types, marsh wetlands not only have the function of water storage and flood regulation, maintaining regional water balance, but also have the ecological functions of soil consolidation and erosion prevention, degradation and transformation of pollutants, and also have an important role in maintaining biodiversity and mitigating global warming. Peat swamp is one of the ecosystems with the fastest carbon accumulation rate among terrestrial ecosystems, and its ability to absorb carbon far exceeds that of forests, which is important for suppressing the rise of CO2 in the atmosphere and global warming. At the same time, marsh surface water and overly wet soil can regulate local climate and purify the air. The colorful micro-landscapes in marshes constitute a diverse wetland landscape, which can bring people a multi-sensory experience. In addition, marsh wetlands can also provide humans with a variety of food, medicine, raw materials for industrial and agricultural production, as well as ecological tourism resources.

People's understanding of marsh wetlands began with the exploitation of their peat resources, and after the founding of the people's Republic of China, large-scale marsh wetland research was carried out in China, focusing on the exploitation of peat resources, drainage afforestation and reclamation, with the northeast region as the focus. With the deepening understanding of the ecological service functions of marsh wetlands, they have changed from being mainly exploited in the past to being mainly protected and restored. Since the 1990s, China has strengthened administrative supervision in wetland protection and utilization. China acceded to the Convention on wetlands of Zmportance Especially as Watefowl Hbitat Chereinafter referred to as Convention on Wetlands in 1992, actively declared the wetlands of international importance, and earnestly fulfilled its wetland protection obligations. The Wetlands International (WI) China Program Office was established in Beijing in August 1996,

Abstract

it was the first non-governmental organization dedicated to wetland conservation in China. In 2006, the first national wetland resource survey showed that about 40% of China's existing wetlands are facing the threat of serious degradation. China's wetland protection project was officially launched. In 2012, the 18th National Congress of the Communist Party of China incorporated ecological civilization into the overall layout of the socialist cause with Chinese characteristics, and the concept of ecological civilization, which respects nature, responds to nature and protects nature, was deeply rooted in people's hearts. In 2022, the first law dedicated to the protection of wetlands, the Wetland conservation Law of the People's Republic of China, was issued, marking the legalization of wetland protection in China. A series of measures taken by the Chinese government to address the problems existing in the process of wetland protection and development have protected wetlands and their biodiversity to a certain extent.

The 14th Conference of the Parties to the Convention on Wetlands (COP14) will be held in Wuhan, Hubei Province from November 21-29, 2022. This is the first time for China to host this international conference, which will focus on the theme of "Wetlands Action for People and Nature" , display the achievements of China's ecological civilization construction systematically and help achieve the United Nations 2030 Sustainable Development Goals. The Chinese government will play the role of the COP14 presidency and join hands with all parties to make new contributions to the realization of a better future of harmony between people and nature.

In recent years, a large number of scientific studies based on marsh wetlands have been conducted at home and abroad, and works on marsh science, marsh hydrology, forest marsh science, peatland science, etc. have been produced. These academic monographs are often aimed at scholars and researchers in related fields, but there are no popular publications on marsh wetlands in China that are widely available to all members of the public. This book is a useful attempt to introduce marsh wetlands from the perspective of popularization of science, it will improve people's scientific understanding of wetlands and promote the development of wetland protection to the grass-roots level.

This book is written to give readers a systematic and general understanding of marsh wetlands in an easy-to-understand style. This book introduces marsh wetlands from three aspects: "mysterious marsh wetlands", "great beauty of Chinese marsh wetlands", and "marsh wetlands and human beings". The first part, "mysterious marsh wetlands", describes the definition, formation, classification, distribution, and characteristics of marsh wetlands, through which readers will have an overall and scientific understanding of marsh wetlands. The second part, "Great beauty of Chinese marsh wetlands", takes the reader on a glance at china's colorful wetlands by selecting ten typical examples of China's marsh wetlands from different perspectives, such as the source of rivers, the home of water birds, nutrient converters, ecological landscape experience, and red culture. The third part, "marsh wetlands and human beings", introduces the threats to Chinese marsh wetlands and the development trend of conservation and management of Chinese marsh wetlands.

The book was compiled by Mingxiang Zhang, Haitao Wu, Yuyu Wang, Zhenming Zhang,Wenguang Zhang, Bolong Wen, etc.. Due to the limited space, an exhaustive introduction to many of these issues is not possible. Please criticize and correct!

Abstract